Mathias Kammüller
Florian Guber

SYNCHRO. Das Buch

Der lange Weg zur Exzellenz bei TRUMPF

LOG_X

Bibliografische Information der Deutschen Bibliothek
Die Deutsche Bibliothek verzeichnet diese Publikation in der Deutschen Nationalbibliografie. Detaillierte bibliografische Daten sind im Internet abrufbar unter http://dnb.ddb.de

ISBN 978-3-932298-68-4

Umschlag und Satz: Jürgen Rothfuß, Niederstetten
Druck und Buchbindung: W. Kohlhammer Druckerei GmbH + Co. KG
Coverillustration: Justina Trefz, Kornwestheim

Der Inhalt auf einen Blick

Der Inhalt im Detail

Vorwort

Several years ago, after a visit to TRUMPF Headquarter in Ditzingen I was given a small gift, a copy of the life story of Berthold Leibinger1. It was a story of personal commitment and dedication to his company, his region and country and to his family. It was a story of challenge and thankfulness for a wonderful life as a gentleman and an engineer. It also was the story of TRUMPF, full of effort, challenge, success and the relentless pursuit of trying to do, make and be better.

My own story with TRUMPF is itself a strange one. As an engineer I obviously knew of the TRUPMF machines. I was very impressed by them before I ever visited a plant or met any TRUMPF people. Once I visited the Austrian plant together with Hans Kostwein and his World Class Manufacturing Circle activity. We were asked to help, identify any areas for improvement in the plant after a factory tour.

My work is helping people improve. For nearly 20 years I have supported the EU Japan Centre for Industrial Co-Operation, helping people see ways to improve, to understand opportunities for development. I "see" things – a bit like the Matrix! "Who is this crazy Irisher?" I am sure went through the mind of the plant manager in Austria. I saw brilliant effort, systems and people – but I also saw and shared further opportunities for "pushing on". I shared what I had seen.

Two years later I was in Ditzingen, again with the Kostwein Circle activity. Dr. Mathias Kammüller and some plant managers asked me what I had seen and we spent some very interesting and challenging time together. We discussed the "Chicken & Pig" concept and I believe this has contributed in some small way to the development of SYNCHRO PLUS. The questions that I asked was: Were people committed like the pig in the Irish breakfast or just interested, like the chicken, donating an egg for the breakfast.

TRUMPF is an amazing organization. I don't believe they fully understand the progress they have made since the early days. The TRUMPF management team is open to challenge. They look for and go after opportunities, constantly asking "Is it possible to build upon what has gone before?"

I have had the pleasure to know and engage with TRUMPF for many years now. As an engineer it has been a great professional experience and challenge to contribute in

1 Berthold Leibinger: Wer wollte eine andere Zeit als diese. Ein Lebensbericht. Hamburg: Murmann Verlag 2010

some small way to such an excellent organization. As a person it has been a highlight of my life to engage with such capable, dedicated and committed people – people who continue to develop the vision of Berthold Leibinger. People who continue to develop and create solutions for problems that many others can't even imagine. People who share and spread their knowledge and expertise for the betterment of society at large.

This book on SYNCHRO is a core part of their latest sharing. Enjoy!

Dublin, November 2017

Richard Keegan

Widmung

Für unseren Kollegen Stephan Fischer.

Ditzingen, November 2017

Dr. Mathias Kammüller und Florian Guber

Kapitel 1:

SYNCHRO. Die Geschichte

Hintergründe und Perspektiven

von Mathias Kammüller

„Experten bestätigten uns, dass wir methodisch sehr gut aufgestellt seien, jedoch beim Thema Führung noch Nachholbedarf hätten. Das führte uns zur Einführung dessen, was wir intern SYNCHRO PLUS nennen und was uns wieder deutliche Produktivitätsfortschritte sowie in letzter Konsequenz eine Verstetigung der Verbesserungsprozesse brachte. Ein wichtiger Baustein war hier das Shopfloor Management als Führungsinstrument."

1.1 Die Vorgeschichte

Am Anfang war die Krise

Als wichtiger Teil der Investitionsgüterindustrie steigt und fällt der Werkzeugmaschinenbau unmittelbar mit den Wellen der Konjunktur. Damit gehört unsere Branche zu den ersten, die von einem Aufschwung profitieren kann – sie wird aber auch von Krisen vergleichsweise früh und hart getroffen. Das galt auch für die frühen 1990er Jahre, in denen nach dem Zusammenbruch der kommunistischen Systeme die gesamte Weltwirtschaft ins Straucheln geriet. Man kann in diesem Zusammenhang also durchaus von einer Weltwirtschaftskrise sprechen, mit dramatischen Folgen für den Werkzeugmaschinenbau. Nach annähernd 40 Jahren anhaltenden Wachstums brachen die Umsätze branchenweit um bis zu 50 Prozent ein. Obwohl TRUMPF mit einem Minus von 15 Prozent dabei noch vergleichsweise gut wegkam, nahm die Krise auch für uns bedrohliche Ausmaße an.

Wie für die meisten anderen Betriebe kam die Rezession auch für uns überraschend. Niemand war nach den Jahrzehnten des Aufschwungs wirklich auf den Einbruch vorbereitet. Konkret brachte die Krise für TRUMPF zwei Verlustjahre, die in der Konsequenz auch zur Entlassung von Mitarbeitern führten. Für uns ein Novum und eine sehr einschneidende Erfahrung. Für ein Familienunternehmen wie TRUMPF war die Situation vor allem deshalb so bedrohlich, weil die Eigenkapitalquote unter einen kritischen Wert sank und manche Banken, man muss es so deutlich sagen, damals wenig Entgegenkommen zeigten. Darauf, warum das Eigenkapital für uns so wichtig ist, werde ich weiter unten noch zu sprechen kommen.

Ich selbst war zu diesem Zeitpunkt noch neu im Unternehmen, die Krise hat mich und die anderen Geschäftsführer sehr stark geprägt. Wir waren uns einig, dass Ähnliches nicht mehr passieren sollte. Eine Erkenntnis war, dass es nicht reicht, innovative Produkte auf den Markt zu bringen, sondern dass Innovationen auch in der Organisation und den Prozessen existenziell wichtig sind. Es gilt, in vielen Bereichen und Handlungsfeldern des Unternehmens neue Wege zu finden – bis hin zu dem Anspruch ein „ganzheitlich innovatives Unternehmen“ zu sein (vgl. Bild 1-1).

Innovation und Veränderung

In der Technik wird Innovation, wie bereits angedeutet, häufig auf die Entwicklung neuer Produkte und Technologien begrenzt. Aus dieser Sicht stellt der Einsatz von Lasern bei der Blechbearbeitung eine so genannte Sprunginnovation dar. Diese Art von Innovation verschafft einem Unternehmen Wettbewerbsvorteile, die es für den wirtschaftlichen Erfolg nutzen kann. Doch sind diese Vorteile nicht von Dauer: Der

Wettbewerb schläft nicht und technologischer Vorsprung ist gerade im Zeitalter der Globalisierung keine „Lebensversicherung“ mehr. Die erste Konsequenz daraus ist, das Innovationsverständnis auf das gesamte Unternehmen auszudehnen.

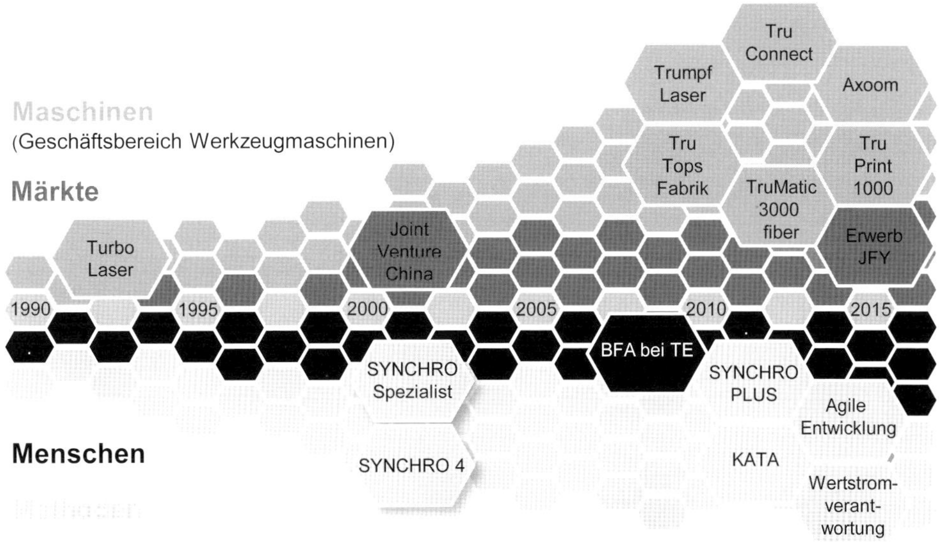

Bild 1-1: SYNCHRO und Innovation

SYNCHRO, das Thema dieses Buches, ist in diesem Zusammenhang als wesentlicher Teil der ganzheitlichen Innovationsstrategie im Unternehmen TRUMPF zu sehen. Warum das so ist, erklärt eine Bemerkung aus einer früheren Publikation zum Thema: Mit dem Begriff SYNCHRO assoziiert man Synchronisation, also Gleichzeitigkeit bzw. Abstimmung. Genau darum geht es. SYNCHRO ist die optimale Abstimmung – sprich Synchronisation – von Mensch, Maschine, Methoden und Markt (vgl. auch Kammüller 2003, S. 166).

Das Bild drückt aus, dass Innovationen faktisch überall im Unternehmen stattfinden müssen. Gleichzeitig verweist es auf die großen Veränderungsprogramme im Unternehmen und dessen Umfeld. Das Spektrum reicht von den nach wie vor essenziellen Produktinnovationen über die Internationalisierungsstrategie und Management-Themen bis zu den Strukturen und Prozessen der Organisation.

Allein die ständige Weiterentwicklung des obigen Bildes im Verlauf der vergangenen Jahre zeigt, wie dynamisch die Entwicklung auf allen vier genannten Feldern ist. Innovation heißt Veränderung – und Veränderung prägt das unternehmerische Handeln auf allen Ebenen. Anders ausgedrückt wird die Fähigkeit zu ständiger Innovation und permanenter Veränderung zu einer Kernkompetenz.

Fraktale Organisation als Start

Aus Sicht der Organisation begannen wir nach der Krise zu Beginn der 90er Jahre damit, die verrichtungsorientierte Organisation in eine so genannte fraktale Organisation zu verwandeln. Diese Organisationsform geht zurück auf die Überlegungen von Professor Hans-Jürgen Warnecke und basiert unter anderem darauf, die Verantwortung näher an die Prozesse zu bringen und in den einzelnen Organisationseinheiten mehr Selbstorganisation zuzulassen (Warnecke 1992). Mit diesen Produktionseinheiten und der ganzheitlichen Sicht auf die Innovation haben wir in Summe viel erreicht. Das Unternehmen erlebte fünf erfolgreiche Jahre mit guten wirtschaftlichen Ergebnissen. Der Boden für die nächsten Innovationen war bereitet.

Das Lean-Zeitalter beginnt

Ungefähr zeitgleich mit der globalen Krise zu Beginn der 1990er Jahre wurde ein Konzept bekannt, das ein neues Management-Zeitalter einläutete. In einer Studie des Massachusetts Institute of Technology (MIT) wurden europäische, amerikanische und japanische Automobilhersteller systematisch miteinander verglichen. Mit dem Resultat, dass japanische Vorreiter, allen voran Toyota, gegenüber ihren westlichen Konkurrenten teilweise deutlich Vorteile hatten, was Qualität und Produktivität anbelangte. In Summe konnten diese japanischen Betriebe mit einem wesentlich geringeren Aufwand wesentlich bessere Ergebnisse erzielen. Die Autoren der Studie, James Womack und Daniel T. Jones, machten dafür ein Produktions- und Managementkonzept verantwortlich, das sie als Lean Production bezeichneten, die schlanke Produktion. Der Geist war aus der Flasche.

Man kann nicht behaupten, dass diese Erkenntnis zu einer sofortigen sprunghaften Verbreitung der schlanken Produktion geführt habe. Selbst in Japan trieb nur eine Minderheit der Unternehmen Lean wirklich konsequent voran – was dort, ebenso wie in Europa und den Vereinigten Staaten bis heute unverändert gilt. Mitverantwortlich für diese Zurückhaltung war die Aussage, Lean würde im Automobilbau und der dort vorherrschenden Massenfertigung funktionieren, in anderen Branchen dagegen nicht.

Wir bei TRUMPF stießen erst dann ernsthaft auf die Lean-Ideen, als sich die Erfolgskurve der neuen Produktionsorganisation abzuflachen begann. Nach den genannten fünf erfolgreichen Jahren trat eine gewisse Sättigung und Verkrustung ein, wir begannen zu überlegen, worin ein nächster großer Schritt bestehen könnte.

Die Initialzündung

Die große Veränderungswelle begann zunächst eher unscheinbar mit dem Besuch zweier Werksleiter auf einem Seminar des japanischen Lean-Experten Hiroshi Takeda.

Kurzum: Die Herren waren begeistert. Bei der Rückkehr ins Unternehmen priesen sie die Seminarinhalte derart euphorisch an, dass wir beschlossen, Herrn Takeda zu einem internen Workshop für alle Werksleiter einzuladen. Dieser Workshop fand im Januar 1998 in Ditzingen statt und man kann ohne Übertreibung behaupten, dass damit eine neue Ära ihren Anfang nahm. Die Aktennotiz mit dem Seminarbericht aus dem Jahr 1997, der den Anstoß gab, liegt mir noch immer vor und wird aus gutem Grunde in Ehren gehalten.

Der interne Workshop befasste sich schwerpunktmäßig mit drei Themen: 1. der Fließmontage der Schneidköpfe für die Lasermaschinen; 2. der Rüstoptimierung und 3. dem Thema 5S.

Durchbrüche und sonstige Erfahrungen

Die Umstellung der Schneidkopf-Montage auf das Fließprinzip als Erfolg zu bezeichnen, wäre beinahe untertrieben. Es war ein Durchbruch. Bis zum Januar 1998 wurden die Schneidköpfe mit ihren ungefähr 100 Teilen in Zehnerlosen montiert. Mit der Begründung, das müsse so sein, weil es zu lang dauere, die Teile aus dem Lager auszufassen. Um die Geschichte abzukürzen: Unter der tatkräftigen Ägide von Hiroshi Takeda wurde in drei Tagen eine Fließlinie mit vier Stationen aufgebaut, die die Durchlaufzeit der Schneidköpfe von zuvor 25 Stunden pro Los auf 1,5 Stunden für den einzelnen Schneidkopf reduzierte. Die reine Montagezeit pro Schneidkopf konnte unmittelbar von 2,5 Stunden auf diese 1,5 Stunden reduziert werden – bei einem Takt von 20 Minuten je Station. Dieses Ergebnis war für die Werksleiter erstaunlich, für die Monteure nur schwer zu akzeptieren. Aber wahr.

Weniger effektvoll verliefen die Rüstworkshops. Hier hatten wir den Fehler begangen, nicht die Engpässe zu suchen und zu beheben, sondern das Rüsten eher allgemein abzuhandeln. Die faktisch erzielten Zeitgewinne blieben im laufenden Betrieb ohne echten Effekt und wurden von den Mitarbeitern mit Achselzucken quittiert.

Auf gute Resonanz wiederum stießen die 5S-Workshops, deren Effekte eben unmittelbar ersichtlich werden. Lapidar gesagt, sind Ordnung und Sauberkeit immer erstrebenswert und niemand wird ernsthaft ihren Wert bestreiten.

In Summe waren die Werksleiter so begeistert von dem Workshop, dass sie es kaum erwarten konnten, in ihre Werke zurückzukommen und mit der Umsetzung zu beginnen. Jeder auf seine Weise und auf entsprechend individuellen Wegen. Was nun auch nicht ganz „im Sinne des Erfinders" war, weil wir von Beginn an einen unternehmensweiten Lösungsstandard im Blick hatten und eine zu große Vielfalt von Lösungsinseln vermeiden wollten. Dies führte uns sehr schnell dazu, eine eigene Lean-Organisation aufzubauen und dem Konzept einen eigenen Namen zu geben: SYNCHRO.

In der Startphase bestand die SYNCHRO-Organisation aus einem freigestellten SYNCHRO-Spezialisten je Produktionseinheit von 100 Mitarbeitern, dem zusätzlich ein so genannter Umsetzer zur Seite gestellt wurde. Letzterer hatte die Aufgabe, die erarbeiteten Konzepte durch den Bau von Vorrichtungen direkt in den Betrieb zu überführen. Diese rudimentäre Organisation entstand in kurzer Zeit und hat sich in der ersten SYNCHRO-Phase gut bewährt.

Der Name SYNCHRO entsprang eher aus einem Zufall heraus, der sich in der Rückschau als durchaus glücklich erwiesen hat. Hätten wir das Konzept nach dem Muster einiger Konzerne als TRUMPF-Produktionssystem bezeichnet, wäre damit schon sprachlich eine Barriere für die Übertragung in die Büro-Bereiche des Unternehmens entstanden. Dieser Übergang war schwierig genug – was noch zu zeigen sein wird.

Gute Governance als Erfolgsfaktor

Neben den organisatorischen Weichenstellungen erwies es sich als ein Erfolgsfaktor für SYNCHRO, dass wir von Beginn an auf eine gute Governance gesetzt haben. Wesentlich war dabei sicherlich, dass ich selbst von Anfang an die Leitung des Programmes übernommen habe. Kernteamsitzungen fanden, koordiniert durch meine direkten Assistenten, monatlich statt. Feste Mitglieder des Kernteams waren neben dem SYNCHRO-Leiter die Werksleiter (allerdings in wechselnder Folge) sowie der Einkauf. Die SYNCHRO-Organisation verfügte noch über kein zentrales Back-Office, sondern war zunächst dezentral angelegt. Die SYNCHRO Consulting in ihrer derzeitigen Form entstand erst später.

Wir achteten darauf, nur sehr gut qualifizierte Mitarbeiter (heute würde man von Top-Talenten sprechen) zu SYNCHRO-Spezialisten zu machen. Das barg jedoch die latente Gefahr, dass diese Mitarbeiter vor Ort für alle möglichen anderen Tätigkeiten herangezogen wurden. Dieser drohenden Verwässerung der SYNCHRO-Kernaufgaben begegneten wir, indem wir die Spezialisten direkt den Werksleitern zuordneten, womit wiederum die zentrale Governance gewahrt wurde.

SYNCHRO im Büro, ein Meilenstein

Ein wichtiger Meilenstein der Gesamtentwicklung war der Übergang von SYNCHRO in die Büros. Hier hatten wir eine Vorgehensweise in vier Phasen gefunden, die sich bei der Einführung in Summe bewährte. Allerdings ohne für echte Nachhaltigkeit zu sorgen, das sei der Ehrlichkeit halber erwähnt.

Die erste Stufe bestand darin, die einzelnen Arbeitsplätze nach den Kriterien von Sauberkeit und Ordnung (5S) zu gestalten, sich von Unnötigem zu trennen, die Arbeitsmittel zu reduzieren, die Arbeit zu organisieren, beispielsweise durch vereinfachte und einheitliche Ablage.

Der zweite Schritt erstreckte sich auf die Abteilungen. Hier wurden gemeinsame Standards etabliert (z.B. Dokumentation), Verantwortlichkeiten geregelt und organisatorische Regeln vereinbart (z.B. Abwesenheit).

In der dritten Stufe machten wir uns an die Optimierung der Prozesse, um dann, viertens, Nachhaltigkeit durch Kennzahlen zu erreichen. Wie schon erwähnt, ist uns dieser letzte Schritt zunächst nicht wirklich gelungen. Hauptursache war, dass man sich nicht mit den wichtigsten Prozessen beschäftigt und die Kennzahlen erst im Nachhinein eingeführt hatte. Mittlerweile haben wir gelernt, dass zuerst ein Messsystem mit Kennzahlen entwickelt werden muss und damit an die richtigen Prozesse zu gehen, um deren Schwächen und Verschwendungsquellen zu finden. Es macht nur wenig Sinn, unwichtige oder suboptimale Prozesse aufwändig zu messen und im Sinne der Kontinuierlichen Verbesserung zu optimieren. Im Gegenteil: So verursacht man Verschwendung, anstatt sie zu beseitigen. Wie in der Fabrik müssen auch im Büro die wichtigen sowie richtigen Prozesse identifiziert und zum Fließen gebracht werden. Erst dann kann eine nachhaltige Optimierung im SYNCHRO-Sinne ansetzen.

Dennoch bleibt SYNCHRO im Büro eine schwierige Aufgabe. Die Prozesse unterscheiden sich teilweise sehr stark voneinander. Unterschiedlichkeit und Komplexität liegen hier in der Natur der Sache, was den optimierenden Zugang erschwert. Eine neue Chance ergibt sich im Zusammenhang mit der Einführung von Shopfloor Management in den indirekten Bereichen. Eine Maßnahme, mit der wir die Etablierung von SYNCHRO-Führungsprinzipien anstreben, die uns letztlich zu einem nachhaltigen System bringen sollen. Den endgültigen Durchbruch erwarten wir uns im Zusammenhang mit der Digitalisierung, die eine durchgängige Standardisierung der Büro-Prozesse erneut auf die Tagesordnung bringt. Die Aufgabe bleibt anspruchsvoll, darüber sind wir uns durchaus im Klaren.

SYNCHRO als Teil der Unternehmensentwicklung

SYNCHRO ist Teil der ganzheitlichen Innovationsstrategie bei TRUMPF. Aus einem erweiterten Blickwinkel ist es zudem ein wichtiger Bestandteil der gesamten Unternehmensentwicklung. Diese Entwicklung unterlag und unterliegt bei einem Familienunternehmen, namentlich wenn es im Werkzeugmaschinenbau tätig ist, besonderen Bedingungen. Wer die Bedeutung von SYNCHRO verstehen will, muss auch diese Rahmenbedingungen kennen.

Professor Berthold Leibinger beschreibt in seinem Buch „Erfahrungen, Erfolge, Entwicklungen“ die Situation der internationalen Werkzeugmaschinenhersteller aus einer historischen Perspektive (Leibinger 2014). Dabei stellt er fest, dass es für Unternehmen dieser Branche zwei sehr kritische Pfade gab und gibt. Einige vormals erfolgreiche Unternehmen beschritten den ersten Pfad und wurden Teil so genannter Konzern-Konglomerate und verloren damit nicht nur ihre Selbstständigkeit, sondern darüber hinaus ihre Existenz. Ein bekanntes Beispiel ist die vormals in Ludwigsburg ansässige Firma Hüller, die vom erfolgreichen Mittelständler zum Sanierungsfall eines Großkonzerns mutierte und schließlich ganz vom Markt verschwand. Nicht weniger bedrohlich ist der zweite Pfad: eine Flucht in die Arme der Finanzindustrie. Finanziers, die ein Unternehmen übernehmen, halten nicht sehr viel von Innovationen, weil diese kurzfristig auf das operative Ergebnis drücken. Die von Prof. Leibinger so bezeichneten „Opfer der Finanzindustrie" würden das bestätigen, wenn sie das noch könnten. Doch leider sind auch vormals führende Unternehmen wie Burgmaster erloschen – trotz oder wegen der tatkräftigen Unterstützung durch die Finanzindustrie.

Deshalb, so das naheliegende Fazit, ist die wirtschaftliche Unabhängigkeit gerade für Hersteller von Werkzeugmaschinen ein sehr wichtiger Erfolgsfaktor. Dieser Erfolgsfaktor hat bei einem Familienunternehmen sehr viel mit der Rendite und der Eigenkapitalquote zu tun. Ein kurzer Überblick.

Die wirtschaftlichen Fakten

„TRUMPF kann seine Marktführerschaft dauerhaft nur behaupten, wenn das Unternehmen immer wieder innovative und hochwertige Produkte auf den Markt bringt und verkauft. Investitionen, zum Beispiel in neue Produktionsanlagen, sind daher wichtig, aber jede Investition muss gut überlegt sein. Investitionen sollten nur getätigt werden, wenn zu erwarten ist, dass der entstehende zusätzliche Umsatz alle Kosten – auch die Kapitalkosten – decken wird. (...)

Jedes Unternehmen braucht finanzielle Mittel. Damit wird das Gehalt der Mitarbeiter bezahlt, das Material, das für die Herstellung von Produkten notwendig ist, sowie in Gebäude, Maschinen und Forschung und Entwicklung investiert.

Das Vermögen von TRUMPF, das unter anderem aus Gebäuden, Produktionsanlagen und Vorräten besteht, wird großteils von den Gesellschaftern finanziert. Fremdkapital von Banken spielt kaum eine Rolle. Das ist positiv, denn so besteht eine hohe unternehmerische Unabhängigkeit und nur geringe Zinsen an Externe werden fällig.

Aber auch Eigenkapital gibt es nicht umsonst, es kostet. Bei TRUMPF besteht folgerichtig der größte Teil der Kapitalkosten in der Verzinsung des Eigenkapitals. Eine hohe Mindestverzinsung ist notwendig, da die Gesellschafter das volle unternehmerische Risiko von TRUMPF tragen und TRUMPF in risikobehafteten Märkten tätig ist. Nur durch die Verzinsung des Eigenkapitals kann sichergestellt werden, dass TRUMPF mögliche Krisen auch ohne Hilfe fremder Investoren übersteht und nachhaltig in innovative Produkte investieren kann.

Der Gewinn, der durch die hohe Mindestverzinsung des Eigenkapitals entsteht, bleibt überwiegend im Unternehmen. Die Gesellschafter stellen es TRUMPF langfristig zur Verfügung. Durch die Reinvestition ins Unternehmen erhofft sich die Unternehmerfamilie einen langfristig positiven Wertbeitrag. Je höher der Gewinn oder je geringer die Kapitalkosten, desto höher ist der Wertbeitrag.

Nur so bleibt TRUMPF Innovationsgarant und stellt seine Marktführerschaft und Unabhängigkeit sicher.“

Quelle: impulse 22/2017 (Mitarbeitermagazin)

SYNCHRO schafft Wert

Ein entscheidender Faktor zur Verbesserung der Wirtschaftlichkeit bzw. des Wertbeitrages ist das so genannte Working Capital. Unter Working Capital versteht man das Kapital, das im gesamten Wertschöpfungsprozess gebunden ist: von Zahlungsausgängen an unsere Lieferanten über Vorräte – sprich Waren und Erzeugnisse, die wir in der Produktion benötigen – bis zum vollständigen Zahlungseingang seitens unserer Kunden. Zukünftig wollen wir unsere Wachstumsziele mit wenig Working Capital erreichen.

Dass SYNCHRO hier eine zentrale Rolle spielt, liegt auf der Hand. Erstens gehört es zu den Grundbestandteilen aller Lean-Programme, die Bestände um Größenordnungen zu senken. Und zweitens fokussiert SYNCHRO, wie bereits an den ersten Beispielen wie der Schneidkopfmontage gezeigt, stark auf eine Verkürzung der Durchlaufzeiten. Und diese sind wesentlicher Teil dessen, was neudeutsch „Order-to-Cash-Cycle“ heißt. Der Zeit von der Bestellung des Kunden bis zum Zahlungseingang der Rechnung an denselben.

Damit fügt sich das Ganze zu einem zwar komplexen, aber doch schlüssigen Bild: SYNCHRO gehört zu TRUMPF wie Maschinen, Märkte und Methoden. Und vor allem wie die Menschen.

1.2 Gelebte Erfahrung

Fort- und Rückschritte

Mit Innovation und Fortschritt ist die Vorstellung verbunden, die Entwicklung verlaufe immer nur in eine Richtung: aufwärts. Die Realität zeigt jedoch, dass auch mit erfolgreichen Veränderungen Rückschläge und wertvolle Lernerfahrungen verbunden sind. Dazu gehört der Umgang mit Widerständen, wie sie in einer Organisation bei jeder Veränderung auftreten. Entscheidend ist, wie mit diesen Widerständen umgegangen wird.

Veränderungen richtig managen

In den frühen Jahren der SYNCHRO-Einführung haben wir sehr darauf geachtet, das Management aktiv in die Veränderung einzubeziehen. Die Kaskade von der Geschäftsleitung über die Werksleiter bis zu den Leitern der Produktionseinheiten (PE-Leiter) funktionierte reibungslos, die Governance war, wie oben beschrieben, gewährleistet. Allerdings hatten wir es versäumt, das mittlere Management, also die Team- und Gruppenleiter als entscheidende Bindeglieder nahtlos in die Veränderung zu integrieren. Mit der Konsequenz, dass ein Teil der Mitarbeiter förmlich abgehängt wurde.

In diesen Zusammenhang gehört beispielsweise, dass wir eine Zeitlang aus dem SYNCHRO-Kernteam heraus jährliche Tagungen aller SYNCHRO-Spezialisten und Werksleiter organisierten. Um diese Anlässe nicht zu sehr aufzublähen, verzichteten wir darauf, die Leiter von Produktionseinheiten, Abteilungen oder Gruppen ebenfalls einzuladen. Was sich in der Rückschau als problematisch erwiesen hat – wir haben es an dieser Stelle versäumt, frühzeitig eine stabile Brücke zu allen Führungskräften und Mitarbeitern zu bauen.

Um nicht falsch verstanden zu werden: Wir haben durchaus darauf geachtet, die Mitarbeiter über die Entwicklungen zu informieren, doch reicht dies eben in den seltensten Fällen aus. Bezugspunkte erfolgreicher und nachhaltiger Veränderung sind für uns weniger die Unternehmen, die hier, ohne Namen zu nennen, sehr dirigistisch vorgehen und eher nach dem Motto „friss oder stirb" handeln. Wir orientieren uns eher an Firmen wie Toyota, die den Mitarbeiter nicht nur in Sonntagsreden in den Mittelpunkt stellen, sondern im täglichen Handeln. Auch und vor allem in Veränderungsprozessen.

In einer späteren Phase erwies sich die Gründung und zunehmende Professionalisierung der SYNCHRO Consulting als außerordentlich hilfreich für den Veränderungsprozess. Zum einen hatten die Werksleiter mit den Beratern direkte fachliche Sparringspartner aus der zentralen Organisation. Zum anderen etablierten wir regelmäßige SYNCHRO-Audits, die als Benchmarking-Instrument dienen konnten und den Ehrgeiz der Werke förderten, nicht den Anschluss an die Entwicklung zu verlieren.

Die Politik der großen Schritte

Bereits die erste Veränderung bei SYNCHRO, die Umstellung von der Standplatz- zur Fließmontage, war eher ein Sprung als ein einfacher Schritt. Und das galt nicht nur im Hinblick auf Leistungsdaten – Arbeitsorganisation und Arbeitsweisen veränderten sich ebenso sprunghaft, Bewährtes verlor seinen Wert, Gewohnheiten der Mitarbeiter wurden obsolet.

Hinzu kam, dass wir diese Veränderung vergleichsweise schnell und flächendeckend umsetzten. Bereits 1999 war die Montage in unserem österreichischen Werk in Pasching komplett umgestellt, die anderen Werke folgten. 2004 wurde in allen TRUMPF-Werken nach dem Fließprinzip montiert. Damit erreichten wir einen sehr starken „Optimierungshub" hinsichtlich Durchlaufzeiten, Qualität und Liefergenauigkeit. Aber, wie gesagt, wir verursachten auch Ablehnung und Widerstände bei der Belegschaft.

„SYNCHRO bedeutet auch Kulturwandel"
Andreas Schulz, Werksleiter TRUMPF Ditzingen

„Die Realisierung des Fließprinzips begann mit Schneidköpfen, also mit vergleichsweise kleinen und leichten Komponenten einer Maschine. Die entscheidende Frage war, wie sich dieses Prinzip mit kompletten, bis zu 28 Tonnen schweren Maschinen umsetzen ließe – zumal die Möglichkeit der Taktung ebenfalls gegeben sein musste. Die gefundene Lösung waren die mittlerweile in der Fachwelt bekannten Luftkissen, die durchaus eine Leuchtturmwirkung hatten. Die Vorstellung, tonnenschwere Maschinen auf einem Luftkissen zum Schweben zu bringen und durch die Halle zu bewegen, übt auch in der Rückschau noch eine Faszination aus.

Die Effekte der Umstellung stellten sich vergleichsweise schnell ein und waren vor allem signifikant. Teilweise konnten wir die Durchlaufzeiten von 56 Tagen auf 10 Tage verkürzen. Das überzeugte auch die Skeptiker, die im Vorfeld wirtschaftliche Bedenken geäußert hatten.

Neben den direkten Effekten hatte die getaktete Fließmontage der Maschinen eine Reihe weiterer Auswirkungen, die wir so nicht vorhergesehen hatten. So stieg die Bedeutung der Vormontagen – auf Kosten der Endmontagen bzw. der Monteure. Bei einer Standplatzmontage ist der Endmonteur derjenige, der die letzte Schraube andreht und die letzten Prüfungen an ‚seiner' Maschine macht. Die Verlagerung von Arbeitsinhalten und Qualitätskontrollen auf die Vormontagen minderte den ‚Heldenstatus' der Endmonteure, die zuvor die heimlichen Herrscher der Montage waren. Dieser Bedeutungsverlust führte teilweise zu Widerständen, die wir aber überwinden konnten. Mittlerweile hat hier ein Paradigmenwechsel stattgefunden, die Arbeit an den Baugruppenmontagen wird als mindestens gleichwertig empfunden und von Teilen der (jüngeren) Belegschaft sogar bevorzugt. Man kann dies durchaus als einen kulturellen Wandel beschreiben."

Das Gespräch suchen

Die frühen Phasen der Umstellung führten in allen Werken zu Irritationen und Diskussionen mit den betroffenen Mitarbeitern. Also suchten wir mit den jeweils größten Skeptikern das Gespräch. Die Wortführer lud ich persönlich zu mir ein, hörte mir ihre Bedenken an und versuchte sie argumentativ vom Nutzen der Veränderung zu überzeugen. Ein wesentlicher Einwand der Mitarbeiter lief darauf hinaus, dass die neue Arbeitsorganisation ihre persönlichen Freiheiten einschränke. In früheren Zeiten konnte man bestimmte Zeitfenster, beispielsweise den Montagvormittag, für weniger anstrengende Nebentätigkeiten nutzen. Man suchte fehlendes Material oder kümmerte sich darum, lose Bleche festzuschrauben. In der neuen Welt musste man von der ersten Minute an auf Leistungstemperatur sein und Stanzköpfe im Takt mikrometergenau montieren.

An dieser Stelle konnte ich nicht mehr tun, als mir die Argumente anzuhören, den Verlust an Freiheitsgraden zu bestätigen und die wirtschaftliche Notwendigkeit als Argument ins Feld zu führen. „Leute, ich verstehe Eure Sicht, dennoch geht es nicht anders. Wir müssen wirtschaftlich arbeiten, die Folgen der Krise 1990 bis 1994 dürfen sich nicht wiederholen." Um es kurz zu machen: Diese Offenheit zeigte Wirkung, man fügte sich ins Unvermeidliche und begann, sich mit den neuen Verhältnissen anzufreunden. Heute wünscht sich niemand die alte Welt zurück.

Dennoch liegt auch hier noch Arbeit vor uns. Das tiefe Verständnis für die Ziele, Hintergründe und Prinzipien von SYNCHRO ist noch nicht überall im gewünschten Maß vorhanden. Das ist einer der Gründe, weshalb wir unser Programm an SYNCHRO-Schulungen und Trainings weiterhin mit hohem Aufwand betreiben.

Nach der Krise ist vor der Krise

In der öffentlichen Wahrnehmung war die so genannte „Lehman-Krise“ der Jahre 2008ff. wesentlich dramatischer als die vorhergehenden Abschwünge. Das Unternehmen TRUMPF dagegen hat diese jüngste Finanzmarktkrise vergleichsweise gut überstanden. Dafür waren unter anderem die mittlerweile vereinbarte Flexibilisierung der Arbeitszeiten sowie unsere „Personalpolitischen Grundsätze“ verantwortlich, die sehr zu einer Beruhigung der Gemüter beitrugen. (Darüber später mehr.) Wie gesagt: Wir kamen weitgehend unbeschadet aus dieser weltweiten Rezession heraus.

Neuen Schwung holen

Obwohl wir die Lehman-Krise in Summe gut überstanden haben, lässt sich doch feststellen, dass in den Jahren nach 2008 eine Phase begann, in der unsere durch SYNCHRO gemachten Fortschritte langsamer wurden. Experten bestätigten uns, dass wir methodisch sehr gut aufgestellt seien, jedoch beim Thema Führung noch Nachholbedarf hätten. Das führte uns zur Einführung dessen, was wir intern SYNCHRO PLUS nennen und was uns wieder deutliche Produktivitätsfortschritte sowie in letzter Konsequenz eine Verstetigung der Verbesserungsprozesse brachte. Ein wichtiger Baustein war hier das Shopfloor Management als Führungsinstrument.

Wir sind damit nicht am Ziel, aber wir sind in der richtigen Richtung unterwegs. Eine wichtige Aufgabe bleibt, die Mitarbeiter in den Fabriken zur Verbesserungsarbeit zu befähigen.

Bei SYNCHRO PLUS und Shopfloor Management kommt uns die Fähigkeit zugute, unsere Methoden immer wieder zu überdenken. Auch diese Anpassung bzw. Neujustierung des Instrumentariums gehört für uns zur Kontinuierlichen Verbesserung und damit zu SYNCHRO. So spielt seit geraumer Zeit das Führen mit Zielzuständen, das der Lean-Experte Mike Rother „Kata“ nennt, eine zunehmend wichtige Rolle. Auf diese Weise stellen wir sicher, dass das für Verbesserungen notwendige Arbeiten in Routinen nicht zu einem leblosen „Dienst nach Vorschrift“ erstarrt. Die Bereitschaft der Führungskräfte, das Shopfloor Management selbst zu verbessern und anzupassen, ist insgesamt groß, was für die Vitalität von SYNCHRO sehr hilfreich ist.

„Shopfloor Management war für uns ein Segen"
Eugen Göller, Werksleiter TRUMPF Laser GmbH, Schramberg

„Als ein wahrer Segen erwies sich für das TRUMPF-Werk Schramberg das Shopfloor Management. Wir gehörten zu den ersten Werken, in denen dieses Instrument mit Unterstützung einer externen Beratung eingeführt wurde. Nun arbeiten wir seit mittlerweile fünf Jahren damit und man kann sagen, dass Shopfloor Management zu einer eingeübten Routine geworden ist, die niemand mehr missen will.

Wir agieren hier nicht dogmatisch, sondern passen das Instrument an unsere Bedürfnisse an und entwickeln es ständig in kleinen Evolutionsschritten weiter. Mit der zunehmenden Routine im Umgang mit Problemlösungen, Zielzuständen und Prozessverbesserungen geht den Mitarbeitern nicht nur das Shopfloor Management, sondern das gesamte SYNCHRO-Gedankengut in Fleisch und Blut über. Leicht zugespitzt kann man sagen, dass SYNCHRO in Schramberg zur DNA der Mitarbeiter gehört. Dies ist jedoch kein Selbstläufer, und es ist notwendig, dies sowohl neuen Mitarbeitern beizubringen als auch die erfahrenen Mitarbeiter weiter in dem Thema zu trainieren.

Mittlerweile wird uns auch von den SYNCHRO-Experten im Unternehmen, namentlich der SYNCHRO Consulting, attestiert, dass wir in Sachen Shopfloor Management zu den Vorreitern gehören. Danach hat es in der Vergangenheit nicht immer ausgesehen, doch haben wir unseren Weg beharrlich in kleinen Schritten verfolgt.

Insgesamt kam uns zugute, dass Shopfloor Management innerhalb der TRUMPF-Gruppe nicht stur nach ‚Schema F' ausgerollt wurde. Innerhalb eines gewissen gruppenweiten Standards hatte und hat jedes Werk den Spielraum, den es für seine spezifischen Rahmenbedingungen benötigt – was insbesondere Schramberg mit der Lasertechnik zugute kommt."

Erfolgsfaktoren der Veränderung

Um eine große Veränderung wie SYNCHRO erfolgreich bewältigen und schnell umsetzen zu können, müssen insbesondere die Mitarbeiter überzeugt und mitgenommen werden. Das mag wie eine Binsenweisheit klingen, ist aber fundamental wichtig

– und eine Aufgabe, die von der Führung aktiv vorangetrieben wird. TRUMPF hat als Familienunternehmen einen Vorteil, wenn jemand aus dem Kreis der Anteilseigner das Veränderungsthema zu seinem Thema macht. Wenn die Veränderung auf diese Weise vorangetrieben wird, kann niemand damit rechnen, das Thema aussitzen zu können, bis der nächste Manager mit dem nächsten Thema kommt. SYNCHRO war von Anfang an mein Thema, ist das noch heute und wird es auch in Zukunft noch sein.

„Die Erfolgsgeschichte muss weitergehen"
Thomas Saiko, Werksleiter TRUMPF Maschinen Austria, Pasching

„Obwohl wir als Lean-Spezialisten den Blick gerne auf die Mängel richten, lässt sich doch sagen, dass TRUMPF zu den wenigen Unternehmen gehört, die das Thema langfristig erfolgreich vorangetrieben haben. Dazu gehört, Rückschläge zu verarbeiten und aus ihnen zu lernen.

Ein wichtiger Teil der Erfolgsgeschichte ist, dass SYNCHRO in der Geschäftsleitung verankert war und von dort aktiv betrieben wurde. TRUMPF Austria hat über die lange Beschäftigung mit den Prinzipien große Stabilität erreicht. Es bleibt zu hoffen, dass die zwanzigjährige Erfolgsgeschichte auch über die kommenden 20 Jahre fortgeschrieben wird.

Eine Gefahr liegt darin, dass man SYNCHRO zu sehr durch die Kostenbrille betrachtet. Wir in Pasching konnten durch SYNCHRO bereits sehr schnell 20 Prozent mehr Maschinen produzieren, was das Wachstum erheblich voranbrachte. SYNCHRO zielt ja darauf, Geschwindigkeit, Qualität und Performance zu steigern. Die dadurch gewonnenen Marktanteile werden vom Controlling gar nicht betrachtet.

Aus dieser Sicht ist und bleibt SYNCHRO eine strategische Notwendigkeit – auch unter den Bedingungen eines zunehmenden Verdrängungswettbewerbs. Hier müssen wir in der Lage sein, eine hohe Vielfalt an Produkten in sehr guter Qualität herzustellen. Was sich nur auf Basis der SYNCHRO-Prinzipien wie Losgröße 1 beherrschen lässt. Insofern ist und bleibt SYNCHRO eine wichtige Basis unserer Zukunftsfähigkeit."

Kommunizieren und überzeugen

Kommunikation und Überzeugungsarbeit müssen entlang der Kaskade (von oben nach unten) erfolgen und alle Führungsebenen umfassen. Es nützt nichts, in der Mitte aufzuhören oder bestimmte Ebenen auszusparen. Das ist eine aufwändige Arbeit, muss aber geleistet werden. Wenn man hier Fehler macht, muss man diese im Nachhinein mit noch sehr viel größerem Aufwand reparieren. Je größer ein Veränderungsprogramm ist, umso anstrengender wird das Change Management. Bei einem unternehmensweiten Programm wie SYNCHRO, das zudem zeitlich nicht begrenzt ist, hört die Veränderungsarbeit eigentlich niemals auf.

Ein wichtiger Aspekt der Umsetzung ist, dass die Inhalte schnell von der Linie angenommen, verantwortet und gelebt werden. Hier achten wir darauf, dass kompetente Leute aus der Linie die inhaltliche Verantwortung für Workshops, Arbeitskreise und Projekte übernehmen. Die internen Berater und SYNCHRO-Spezialisten leisten hauptsächlich methodische Unterstützung, gehen bei der Veränderung aber nicht selbst in Führung.

Allgemein geht man davon aus, dass externer Druck die Umsetzung erleichtert, weil die Veränderung als notwendig verstanden wird. Hier hat man als Hersteller von Werkzeugmaschinen insofern einen Vorteil, als unsere Branche eigentlich immer unter Druck steht. Konjunkturelle Schwankungen schlagen sehr schnell und überproportional deutlich auf unser Geschäft durch. Dennoch darf man nicht müde werden, die Mitarbeiter über die Lage zu informieren. Wir verfolgen hier eine sehr offene Kommunikationspolitik, wovon das bereits zitierte Mitarbeitermagazin „impulse“ Zeugnis ablegt.

Meldungen und Verlautbarungen können jedoch nur einen Teil der Überzeugungsarbeit leisten. Entscheidend ist die Tat. Hier helfen signifikante und erkennbare Umsetzungserfolge ganz enorm. Das Beispiel mit den Schneidköpfen oder die Erfolge in einzelnen Werken haben zu entscheidenden „Aha-Erlebnissen“ geführt. Nicht zuletzt, weil wir regelmäßig darüber informiert haben. Motto: Tue Gutes und rede darüber.

Personalpolitische Grundsätze

Der wohl entscheidende Punkt aber ist, den Beteiligten Sicherheit zu geben. Angst und Sorge sind Gift für eine Veränderung und sei diese auch noch so notwendig. Hier sind wir sehr früh in Vorlage gegangen, indem wir kommuniziert haben, dass niemand durch SYNCHRO (und andere Programme) seinen Arbeitsplatz verliert. Wir haben das im Vertrauen auf unsere Innovationsfähigkeit und das langfristige Wachstum des Unternehmens so kommuniziert – und unsere Zusage bis zum heutigen Tage eingehalten.

Der Rahmen für diese Maßnahmen waren die von uns so genannten Personalpolitischen Grundsätze. Hier versuchten wir, unsere Aussagen so konkret und verständlich wie möglich zu formulieren: „Niemand verliert seinen Arbeitsplatz“; „Keiner verdient weniger"; „Jeder wird gemäß seiner Qualifikation eingesetzt oder entsprechend höher qualifiziert". Mit diesen Grundsätzen vermitteln wir, dass niemand den Ast absägt, auf dem er selbst sitzt – schon gar nicht durch eine aktive Beteiligung an SYNCHRO.

Wir halten auch für die in den kommenden Jahren anstehende Digitale Transformation an diesen Aussagen fest. Die Bedingung lautet, dass wir weiterhin um 10 Prozent im Jahr wachsen, was möglich ist, aber weiterer Anstrengungen bedarf. Die Digitalisierung wirkt sich teilweise dramatisch auf die Produktivität aus, in manchen Bereichen haben wir Steigerungen um über 100 Prozent. Um Freistellungen zu vermeiden und alternative Angebote zu schaffen, sind wir an anderer Stelle gezwungen, zu wachsen.

Stichwort Wachstum: Eines der großen Verdienste von SYNCHRO bestand in der Vergangenheit auch darin, dass wir durch die wesentlich bessere Effizienz bestimmte große Investitionen, beispielsweise in Gebäude oder Flächen, nicht leisten mussten. Das Wachstum konnte zu einem großen Teil innerhalb der bestehenden Infrastruktur bewältigt werden. Ein wirtschaftlicher Effekt, den man nur schwer beziffern, aber als langfristigen Erfolg verbuchen kann.

Aktuelle Entwicklungen zeigen, dass wir auch nach 20 Jahren SYNCHRO auf dem richtigen Weg sind. Dennoch gilt: Die Herausforderungen bleiben. Sowohl in technischer als auch in organisatorischer und wirtschaftlicher Hinsicht müssen wir in ständiger Bewegung bleiben.

Stillstand ist Rückschritt – ein etwas verbrauchtes Schlagwort, aber immer noch wahr.

1.3 Die weitere Entwicklung

Der Megatrend Digitalisierung

Unter Schlagworten wie „Industrie 4.0" oder „Digitale Transformation" rollt die nächste große Veränderungswelle auf die Unternehmen zu. Wie bereits kurz skizziert, lassen sich intern teilweise erhebliche Zugewinne erwarten, wenn man die Digitalisierung richtig handhabt. Eine wichtige Voraussetzung dafür heißt... SYNCHRO.

Eine schlanke Organisation ist die Basis für die Digitale Transformation. Das gilt nicht nur intern, sondern auch für den Einsatz unserer zunehmend digitalisierten Maschinen am Markt. So bieten wir auch unseren Kunden an, einen Lean-Fachmann und einen Digitalisierungs-Spezialisten vor Ort eine Analyse durchführen und die Umgebung auf optimale Einsatzbedingungen prüfen zu lassen.

Zumindest für die ersten Phasen der Digitalisierung sind die SYNCHRO-Prinzipien in einem engen Zusammenhang mit den weiteren Maßnahmen zu sehen. Ein schlechter, mit großer Verschwendung belasteter Prozess wird auch durch die Digitalisierung nicht besser. Im Gegenteil, man läuft Gefahr, neue Verschwendungsursachen oder zumindest Intransparenzen zu erzeugen, indem man komplexe Systeme über die Prozesse stülpt, ohne diese zuvor optimiert zu haben.

In einer weiteren Ausbaustufe kann es dann, richtig angefasst, dazu kommen, dass die Digitalisierung durch die Erhebung und Analyse der wiederum richtigen Daten die Transparenz deutlich erhöht. Was später auch Auswirkungen auf das Verständnis bestimmter Lean-Instrumente haben kann, die ja vor allem den Zweck verfolgen, Verschwendungsursachen sichtbar zu machen. Mehr hierüber in den nachfolgenden Kapiteln.

Meine Erfahrung lässt mich zu der Auffassung tendieren, dass wir auf diese teilweise Kompensation von SYNCHRO-Prinzipien durch digitale Systeme noch eine ganze Weile warten werden. Die Vorstellung, man könne komplexe Produktions- und Logistiksysteme komplett vom Rechner aus führen, hat schon vor Jahrzehnten in eine Entwicklungs-Sackgasse geführt. Unter dem Schlagwort CIM (Computer Integrated Manufacturing) wurde damals die Vorstellung menschenleerer Geisterfabriken propagiert – eine Vision (oder soll ich schreiben „Illusion“), die auch heute wieder populär ist.

In einer komplexen und dynamischen Fertigung wird es immer Situationen geben, in denen der Mensch jeder digitalen Maschine überlegen ist. Auch die Forschungen zur Künstlichen Intelligenz werden daran kurz- bis mittelfristig wenig ändern. Dies gilt vor allem dann, wenn es um situative Entscheidungen unter Unsicherheit oder um das Gespür für menschliche Emotionen geht. Diese originären Bestandteile von Führung werden, so hoffe und denke ich, niemals an Computer delegiert werden.

Nach wie vor halte ich es für den besseren Weg, ein System zunächst zu vereinfachen und dann zu digitalisieren. Der umgekehrte Weg wäre entweder sehr schwierig oder aus Aufwandsgründen kaum zu bewältigen.

Die Führung im Blick behalten

Ein großer Vorteil der Digitalisierung besteht darin, dass sie für größere Transparenz sorgen kann. Doch bergen bereits kleinere digitale Lösungen die Gefahr, dass Führung verwässert und auf lange Sicht erschwert wird. Das gilt insbesondere für die Digitalisierung des Shopfloor Management, das ja von seinem Charakter des Führens vor Ort lebt. Die Analyse der Kennzahlen sollte nicht von diesem Ort des Geschehens entkoppelt werden.

„SYNCHRO und Digitalisierung laufen parallel“
Steffen Braun, Werksleiter TRUMPF Hettingen

„Bei der Umsetzung von SYNCHRO-Prinzipien waren und sind wir in Hettingen sehr konsequent. Auf den Punkt gebracht, ist bei uns alles im Fluss. Die Identifikation geht so weit, dass die Mitarbeiter bei Neuprodukten darauf drängen, die Montage möglichst schnell zum Fließen zu bringen und auszutakten. Sie haben erkannt, dass dies ihre Arbeit stark erleichtert.

Gleichzeitig findet bei uns auch eine Digitale Transformation statt. In der spanenden Bearbeitung haben wir begonnen, Maschinen und Peripheriegeräte in einem System miteinander zu verknüpfen. Auch für die Montage sehe ich hier für die Zukunft Potenziale, namentlich was den Transfer von Informationen zwischen den Stationen betrifft.

Skeptisch bin ich dagegen, was die Digitalisierung des Shopfloor Management anbelangt. Wenn man sich nur noch durch Bildschirminhalte klickt oder wischt, geht das Verständnis für die Prozesse verloren. Natürlich ziehen wir die Daten aus einem System, doch sollten wir auf die persönliche Beschäftigung mit diesen Informationen keinesfalls verzichten – und sei es, indem wir sie auf eine Tafel schreiben. Wenn wir diese Form der Auswertung automatisieren und nur noch die Ergebnisse an die Wand projizieren, verliert das Shopfloor Management entscheidend an Qualität. Gleichzeitig ist die Verschwendung, die durch händische Aufbereitung entsteht, nicht so dramatisch, dass sie zwingend eliminiert werden müsste.“

Zunächst spielt sich Digitalisierung bei TRUMPF schwerpunktmäßig an der Schnittstelle zu unseren Kunden ab. Diese erwarten die „cyber-physikalischen Systeme“, die Industrie 4.0 zu einem großen Teil ausmachen – und sie werden diese Systeme von uns bekommen. Das betrifft auch die von uns gelieferte Software, die dazu beiträgt, die Geschäftsprozesse des Kunden miteinander zu vernetzen. Ferner betroffen sind Themen wie Fernwartung und Predictive Maintenance, wo wir als führender Maschinenanbieter deutlich Flagge zeigen und einen wesentlichen Teil zur Digitalisierung beitragen.

Auch intern haben die marktnahen Bereiche, was die Digitalisierung anbelangt, eine hohe Priorität. Hier können wir unsere Performance durch gezielten Systemeinsatz sicherlich steigern. Voraussetzung ist allerdings wiederum, dass Prozesse und Organisation befähigt werden. Dabei kommt eine neue Management-Welle auf uns zu, die heute unter der Bezeichnung „Agilität“, „Agiles Management“ oder schlicht „Agile“ zunehmende Bekanntheit erlangt. Wir sind dabei, diese Strömungen aufzugreifen, ihren Nutzen zu verstehen und im Unternehmen dort umzusetzen, wo die entsprechenden Methoden Vorteile bringen.

Doch keine Sorge: Unsere Lösung wird nicht „agile statt lean“ heißen, sondern „SYNCHRO plus AGILE“. Dass wir uns auch hier bereits in Bewegung gesetzt haben, lesen Sie im Ausblick dieses Buches.

Kapitel 2:

Das Denkgebäude

Basis-Prinzipien und SYNCHRO-Haus

„Einer allgemeinen Definition zufolge ist Verschwendung das Gegenteil von Wertschöpfung. Wertschöpfung wiederum ist alles, wofür der Kunde bereit ist, zu zahlen. Immer wieder wird versucht, Wertschöpfung über den Kundennutzen zu definieren. Da Nutzen jedoch sehr individuell und subjektiv sein kann, hat sich dies als nicht tragfähig erwiesen."

2.1 Der Weg zum SYNCHRO-Denken

Verstehen beginnt mit Erkennen

An dem Wort „Problem“ scheiden sich die Geister. In der Umgangssprache ist der Begriff negativ aufgeladen: Wer ein Problem hat, hat schwere Sorgen. Andererseits bezeichnen manche Lean-Autoren, namentlich aus Japan, Probleme als „Schätze“. Wir tendieren zur zweiten Ansicht. Nur selten verläuft der Arbeitsalltag in einem Unternehmen vollkommen störungsfrei. Probleme können zu jeder Zeit und an jedem Ort auftreten – und das ist gut so. Was sich paradox anhören mag, ist doch ein erster Schritt in die richtige Richtung. Verbesserung beginnt nämlich ganz lapidar damit, dass man *erkennt*, dass man ein Problem hat und wo dessen Ursachen liegen. Steht Material nicht auf den dafür vorgesehenen Flächen, kann es sein, dass der vorgelagerte Prozess zu früh oder mehr geliefert hat, als der nachgelagerte Prozess verarbeiten kann. Das wiederum kann an einer Push-Planung liegen, an einem unregelmäßigen Logistikzyklus oder an einem Leistungsverlust des Kundenprozesses. Wartezeiten von Mitarbeitern können auf technische oder logistische Störungen hinweisen oder einfach auf einen schlecht ausbalancierten Prozess. Auf den Punkt gebracht: Verbesserungen beginnen meist mit einem erkannten Problem.

In einem ersten Schritt geht es ganz allgemein darum, die Aufmerksamkeit für Probleme zu schärfen, diese zu erkennen, um dann auf die möglichen Ursachen schließen zu können. Erkennen kann man ein Problem nur, wenn man weiß, welcher Zustand gewünscht oder geplant ist. Im skizzierten Beispiel mit dem überflüssigen Material müsste man wissen, wie viel Material „richtig“ wäre und wo dieses Material stehen sollte. Erst die augenscheinliche Abweichung von diesem Sollzustand macht auf das Problem „zu viel Material“ aufmerksam.

Relativ einfach erkennbar sind die Probleme auch am Beispiel Projektmanagement. Hier werden in der Regel Zieltermine vereinbart, deren Überschreitung eindeutig signalisiert, dass eine Abweichung vorliegt. Und damit ein Problem. Ob dessen Ursache tatsächlich eine zu geringe Personalkapazität ist, ist hier zunächst sekundär und müsste eingehender untersucht werden. Wichtig ist, dass ein System existiert, das Abweichungen erkennbar macht und damit auf Probleme hinweist.

Dieses System muss nicht zwingend kompliziert sein, sondern kann auf einem relativ simplen Soll/Ist-Abgleich beruhen. Erst wenn ein Sollzustand definiert ist, kann man messen und erkennen, dass der Ist-Zustand von diesem Soll abweicht. Je besser das Soll definiert ist, desto leichter fällt das Erkennen und der Rückschluss auf die möglichen Ursachen.

Systemdenken im Lean Management

Bei einem Besuch des Toyota Motorenwerkes in Deeside, Wales, wird ersichtlich, worin der Kern des Toyota Produktionssystems liegt: Das System zielt darauf, Abweichungen sichtbar zu machen. Wir werden im Laufe des Buches noch häufiger an diesen Punkt anknüpfen und die methodischen Denkansätze immer wieder darauf zurückführen. Dies als Vorbemerkung.

Ein Schritt zurück

Um den gesamten SYNCHRO-Ansatz in seiner Bedeutung verstehen zu können, müssen wir einen Schritt zurückgehen und uns fragen, wofür oder für wen wir arbeiten. Wir leben und arbeiten in einem System, dessen Existenz darauf beruht, die Erwartungen und Bedürfnisse eines Kunden zu erfüllen. Der Kunde definiert (bewusst oder unbewusst) seine Erwartungen in dem Spannungsfeld zwischen Qualität, Kosten und Zeit. Heißt: Er will ein Produkt oder eine Leistung zu einem bestimmten Termin, zu einem bestimmten Preis und in der von ihm verlangten Qualität haben. Alle genannten Faktoren entspringen dem Wunsch des Kunden.

Grundsätzlich treffen diese Anforderungen nicht gleichmäßig, sondern schwankend auf unser System – Wünsche entstehen weitgehend ungeplant. Die Erfüllung der Kundenwünsche ist der eigentliche Zweck des Wertschöpfungssystems. Dieses System besteht gewöhnlich aus einem Prozess, also einem Ablauf, der einen Input in einen Output verwandelt. So lässt sich, sehr generisch, der Kern des Systems beschreiben. Zu diesem System gehören – neben den Prozessen – weitere Systembestandteile: Ein Führungssystem, ein Informationssystem, IT-Systeme, Ressourcen, etc. Vor allem aber beinhaltet das System die sich darin befindenden und agierenden Menschen.

Nun geht es wohl seit Anbeginn des wirtschaftlichen Treibens auf diesem Planeten darum, die oben genannten Anforderungen des Kunden möglichst *effektiv*, also den Erwartungen entsprechend zu erfüllen. Und das mit einem möglichst *effizienten* Mitteleinsatz, um die eigenen Ansprüche an die Rentabilität zu sichern. Welche Rolle die Rentabilität für die Überlebensfähigkeit eines Unternehmens hat, haben wir im ersten Kapitel dieses Buches erörtert.

Zur Rolle und Funktion von Puffern

Um das Bild abzurunden, können wir den Systemgedanken an dieser Stelle um eine Komponente erweitern. Jedes System arbeitet mit einem Puffer, um die ungleichmäßig eintreffenden Kundenanforderungen vom System zu entkoppeln. Diese Puffer können in drei Dimensionen gestaltet werden: in Zeit, in Kapazität und in Bestand. Drei einfache Beispiele sollen hier genügen, um diese Puffermöglichkeiten zu beschreiben.

Eine einfache und naheliegende Möglichkeit zu puffern ist *Bestand.* Mit Beständen ist ein System in der Lage, einem Kunden auch bei stark schwankender Nachfrage einen Lieferservice von z.B. 24 Stunden zu garantieren. Die Schwankung wird vom System entkoppelt und über ein Fertigwarenlager abgepuffert. Das dahinterliegende System kann in Ruhe und Gleichmäßigkeit weiterarbeiten. Möglich ist das typischerweise bei Anbietern von Katalogware und Standardprodukten. Beispiele sind Hersteller von Elektrowerkzeugen, Steuerungsventilen, Reifen, etc. Bestandspuffer sind zudem typisch für die Nahrungsmittelindustrie: Supermärkte erfüllen diesen Zweck.

Die zweite und sehr häufig verwendete Möglichkeit, sein System gegen Schwankung zu puffern, ist die *Zeit.* Die Automobilindustrie, aber auch der Maschinenbau nutzen diese Möglichkeit, um dem Kunden seine individuellen Anforderungen in der Ausgestaltung seines Produktes zu erfüllen. Fertigware zu puffern, ist hier keine wirkliche Alternative. Also „glätten" die Produzenten über die Lieferzeit, indem sie Schwankungen durch variable Fristen ausgleichen. Das dahinterliegende System arbeitet gleichmäßig weiter.

Die dritte Möglichkeit ist die *Kapazität.* Um eine kurze Lieferzeit zu ermöglichen, ohne Bestände vorzuhalten, kann man entsprechend viel Kapazität in Anlagen, Maschinen und Mitarbeitern vorhalten. So kann man schnell auf die Veränderungen und Schwankungen der Nachfrage reagieren. Diese Option stellt mit Sicherheit die kostspieligste Alternative dar und wird dort eingesetzt, wo besonders teure und individuelle Lösungen gefragt sind und wo ein Abpuffern durch Bestände oder Zeit nicht möglich ist. Beispiele sind Notärzte und Krankenwagen, Boxenstopps in der Formel 1, aber auch die Gastronomie, wo man versucht, Kapazitäten an Nachfragespitzen auszurichten.

Der Vorteil an der Gestaltungsmöglichkeit „Puffer" ist, dass sich die drei skizzierten Möglichkeiten nicht ausschließen, sondern einander gut ergänzen. Auch wenn ein Element in einem Marktsegment dominant ist, können andere Elemente gestalterisch genutzt werden. Ein Maschinenbauer versucht zum Beispiel, den so genannten Variantenbestimmungspunkt so weit wie möglich in Richtung Kunde zu verschieben. Das ermöglicht ihm, kundenauftragsneutrale Baugruppen in Halbfertigwarenlägern vorzuhalten. Damit kann er zumindest einen Teil seiner Wertschöpfungskette über Bestände vom Markt entkoppeln. Gleichzeitig ist jeder Maschinenbauer bestrebt, seine Kapazitäten zu flexibilisieren, beispielsweise über flexible Arbeitszeiten oder den Einsatz von Leiharbeitern.

Das System beschreiben

Start jeder Bemühung um Lean Management sollte sein, das gesamte System einmal zu beschreiben. Also: die Kundenanforderungen zu definieren, den Output des Systems festzulegen, den Wertstrom oder Prozess aufzuzeichnen und die relevanten Inputgrößen zu bestimmen. Diese Übung bildet die Grundlage für zielorientierte Verbesserungsaktivitäten – und für die Etablierung eines Shopfloor Management-Systems. Genau an diesem Punkt erleben wir in der Praxis immer wieder eine Krux. Vor allem in den indirekten und nichtwertschöpfenden Bereichen scheitern viele Kollegen an dieser Aufgabe. Oftmals sind die Mitarbeiter nicht in der Lage, den Existenzgrund ihres Bereiches zu definieren, ihre Kunden und Kundenanforderungen zu spezifizieren und ihren Output zu beschreiben. Ist das jedoch nicht möglich, werden alle weiteren Anstrengungen zu Lean Management vergeblich sein. In den SYNCHRO-Trainings für Führungskräfte wird immer zu Beginn diese Aufgabe geübt. Was nicht selten, auch noch nach 20 Jahren SYNCHRO, zu einer gewissen Ernüchterung führt.

Nebenbei gesagt impliziert das Denken in Systemen auch, dass SYNCHRO immer Systemgestaltung bedeutet. Es beinhaltet keinesfalls nur die punktuelle Verbesserung von Einzelabläufen (Punkt-Kaizen), sondern muss in erster Linie darauf abzielen, ein ganzes System zielorientiert (also orientiert am Kunden) auszurichten und in diese Richtung kontinuierlich zu verbessern. Dabei wird eine zentrale Form der Darstellung im Laufe des Buches immer wieder genannt werden: Die Wertstromorientierung.

Abweichungen und Probleme

Fassen wir an dieser Stelle schon einmal zusammen: SYNCHRO zielt darauf ab, ein System so aufzustellen, dass es die Anforderungen der Kunden möglichst *effektiv* erfüllt und dabei den Mitteleinsatz möglichst *effizient* gestaltet. Um das System kontinuierlich in Richtung dieses Anspruchs entwickeln zu können, müssen Abweichungen sichtbar gemacht werden.

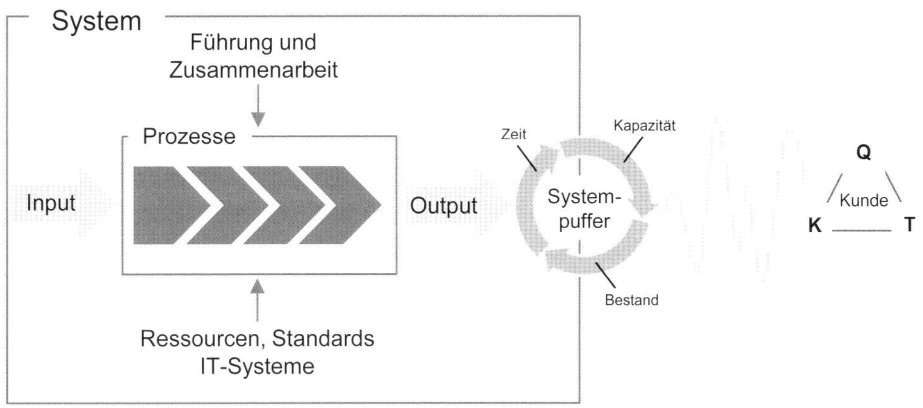

Bild 2-1: Das Wertschöpfungssystem schematisch

Die Arbeit an Verbesserung beginnt also mit der Suche nach Problemen. Und genau deshalb haben wir eingangs gesagt, dass Probleme auch etwas Gutes haben. Sie weisen auf Verschwendung hin – womit wir bei drei zentralen SYNCHRO-Begriffen angekommen sind: Muda, Mura und Muri.

Muda oder Verschwendung

Wie im ersten Kapitel gezeigt, liegt einer der Ursprünge von SYNCHRO oder Lean in Japan. Deshalb haben sich teilweise noch Begrifflichkeiten aus dem Japanischen gehalten, die nur holprig zu übersetzen sind. Einer dieser Begriffe ist „Muda", der für manche Ohren plakativer klingt als Verschwendung und sich als dominanter Begriff in der Lean-Welt weitgehend durchgesetzt hat.

Einer allgemeinen Definition zufolge ist Verschwendung das Gegenteil von Wertschöpfung. Wertschöpfung wiederum ist alles, wofür der Kunde bereit ist zu zahlen. Immer wieder wird versucht, Wertschöpfung über den Kundennutzen zu definieren. Da Nutzen jedoch sehr individuell und subjektiv sein kann, hat sich dies als nicht tragfähig erwiesen. Ein klassisches Beispiel ist das Over-Engineering technischer Produkte, die mannigfachen Nutzen bieten, der von den Kunden nicht erkannt oder kaum genutzt und deshalb nicht bezahlt wird. Hier bietet die Orientierung am Geldwert den objektiveren Maßstab. Nun könnte der Einwand kommen, ein indirekter Bereich wie die Personalabteilung habe ja gar keine Kunden. Diese Sicht ist etwas veraltet und (hoffentlich) nicht mehr sehr verbreitet. Kunden der Personalabteilung sind alle anderen Unternehmensbereiche, die von Dienstleistungen wie Personalsuche und -auswahl, Vertragsgestaltung oder ähnlichen profitieren. Und dafür über eine Kostenumlage bezahlen. Man glaube übrigens nicht, dass die Höhe dieser Umlage keiner Wertdiskussion unterliegt. Ähnliches gilt beispielsweise für die Qualitätssicherung. Solange deren Leistung erforderlich ist, wird die Produktion gerne dafür bezahlen. Nicht zuletzt, weil auch der Endkunde für hohe Qualität bezahlt. Lean-Puristen mögen dies in Teilen anders sehen – wir vertreten hier eine pragmatische und realistische Position.

Angelehnt an das Verständnis von Wertschöpfung versus Verschwendung lässt sich eine Betrachtung darüber anstellen, welche Anteile die jeweiligen Größen an unserer täglichen Arbeit haben. Bei Toyota geht man davon aus, dass nur zu 10 Prozent wertschöpfend gearbeitet wird (vgl. Bild 2-2). Zur Betonung: das ist nicht wissenschaftlich erwiesen und wir gehen davon aus, dass der wertschöpfende Anteil bei TRUMPF tendenziell höher liegt. Dennoch müssen auch wir damit leben, dass der größere Teil unserer Arbeit Verschwendung ist. Relativ gut erkennbar ist der vergleichsweise hohe Verschwendungsanteil in der Montage.

Wenn man eine typische Montageeinheit betrachtet, stellt man fest, dass nicht alle Mitarbeiter wirklich montieren, also direkt wertschöpfend arbeiten. Der Abteilungsleiter und seine Assistentin, QS- oder Logistik-Mitarbeiter gehen anderen Tätigkeiten nach. Diese sind zwar notwendig, müssen getan werden, tragen aber allenfalls mittelbar zum Wertzuwachs der Maschine bei. In diesem Zusammenhang spricht man von notwendiger Verschwendung. Über den Daumen gepeilt lässt sich deren Anteil auf 40 Prozent beziffern. Der ganze Rest, also bis zu 50 Prozent aller Tätigkeiten, sind vermeidbare Verschwendung und können bzw. müssen bekämpft werden.

Die tatsächlichen Dimensionen der Verschwendung lassen sich erahnen, wenn man die prozentualen Verhältnisse auch auf indirekte Unternehmensbereiche überträgt. Ein Vertriebsinnendienst, der täglich 80 Stunden arbeitet, verschwendet nach dem Toyota-Schlüssel nicht weniger als 72 Stunden, wovon 40 Stunden vermeidbar wären. Nun mag dies in Einzelfällen anders sein, als Anhaltspunkt ist die Größenordnung allemal tauglich.

In technischer Hinsicht wäre bei einer Verbindung durch Schrauben lediglich das letzte Drehmoment wirklich wertschöpfend. Bereits das Greifen, Zuführen und Drehen der Schraube ist nach der reinen Lehre Verschwendung, aber nach heutigem Stand der Technik notwendig.

Die Kunst der Provokation

An dieser Stelle sollte angemerkt werden, dass die oben skizzierte Sichtweise eine nicht ganz unbeabsichtigte Provokation darstellt. Vielen Menschen fällt es in ihrem normalen Sprachgebrauch schwer, etwas als Verschwendung anzusehen, das eigentlich notwendig ist. Viele meinen, es handle sich um eine unglückliche Wortwahl. Andere gehen noch weiter und halten den Ansatz für schlichtweg falsch: „Etwas, das notwendig ist, kann nicht Verschwendung sein."

Man kann diese Überlegung noch etwas weiter ausführen und ein Beispiel nennen, das uns bewusst machen soll, dass Dinge, die unter den aktuellen Bedingungen und dem Kenntnisstand der Technologie absolut notwendig sind, trotzdem Verschwendung darstellen können. Das einfachste Beispiel ist das Zerspanen eines Stückes Metall. Das Bohren eines Loches oder das Fräsen einer geometrischen Form sind in der Hinsicht wertschöpfend, als das Loch oder die Form genau das ist, was der Kunde als Endprodukt erwartet. Beim Zerspanen fallen (deswegen heißt es auch so) Metallspäne auf den Boden. Späne sind beim Einsatz dieser Technologie eine zwingende Konsequenz. Aber der Span, der auf den Boden fällt, ist Abfall. Oder mit einem anderen Wort gesagt: Verschwendung. An dieser Stelle erregen sich oftmals die Gemüter: „Aber es geht doch nicht anders. Deswegen kann es doch keine Verschwendung sein." Sicher? Wo ziehen wir die Grenze? Das Fräsen aus dem Vollen? Da fliegen ordentlich Späne. Das Fräsen eines Gussteils? Da fliegen schon weniger. Oder dann doch irgendwann kein „subtraktives" Verfahren wie das Zerspanen mehr, sondern ein „additives" wie beim 3D-Druck?

Da fliegen dann gar keine Späne mehr und wir verschwenden kein teures Material ...

Es geht uns nicht darum, eine akademische Diskussion zu gewinnen und im Detail zu definieren, was genau Verschwendung ist und wie viel Verschwendung in Summe in einem Unternehmen existiert. Es geht uns letztlich darum, bewusst zu machen, was *tatsächlich* wertschöpfend ist und womit sich ein Unternehmen in letzter Konsequenz beschäftigen muss.

Darüber hinaus geht es darum, für die Größenordnungen von Verschwendung und tatsächlicher Wertschöpfung zu sensibilisieren und dafür, wie lohnend die Jagd nach Verschwendung in den allermeisten Fällen ist. Wir können auf diese Weise erkennen, dass ein System auch nach über 20 Jahren Arbeit im Lean Management noch lange nicht „verschwendungsfrei" ist.

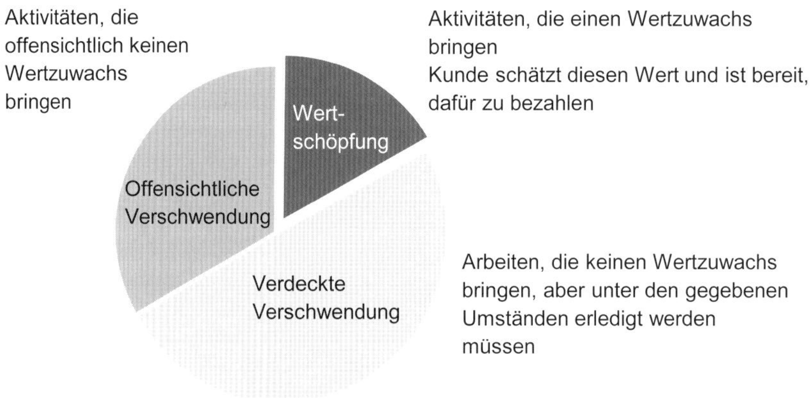

Bild 2-2: Verteilung von Wertschöpfung und Verschwendung

Muda, Mura, Muri

Der Begriff Muda steht in einem engen Zusammenhang mit zwei anderen, verwandten Begriffen, die aber bei der Diskussion fast immer außer Acht gelassen werden. Ursprünglich war immer ein begrifflicher Dreiklang angesprochen: Mura – Muri – Muda. Muda haben wir bereits erklärt, Mura ist die Ungleichmäßigkeit oder Schwankung, Muri steht für Überbelastung. Dieser grundlegende Punkt wird uns später noch ausführlicher beschäftigen, muss aber bereits hier zur Sprache gebracht werden. Schließlich geht es bei SYNCHRO zu einem wesentlichen Teil darum, Verschwendung (Muda) zu beseitigen, Schwankungen (Mura) zu glätten und Überlasten (Muri) zu vermeiden.

Doch zurück zu Muda, der Verschwendung. Nicht immer ist klar, was in den indirekten Bereichen eines Unternehmens damit eigentlich gemeint ist. Deshalb, zum besseren Verständnis, ein kurzer Überblick.

Arten der Verschwendung

Es ist nicht immer einfach, für die eigene Arbeit zu definieren, was tatsächlich Wertschöpfung und was Verschwendung ist. Aber es lohnt sich, darüber nachzudenken. Dabei ist ein strukturierender Ansatz hilfreich, der das Thema in sieben Verschwendungsarten unterteilt. Auch diese Unterteilung geht ursprünglich zurück auf Toyota und muss für direkte und indirekte Bereiche jeweils geringfügig modifiziert werden. Während in der Fabrik Überproduktion als Mutter der Verschwendung gilt, spricht man im Büro in diesem Zusammenhang von Überinformation.

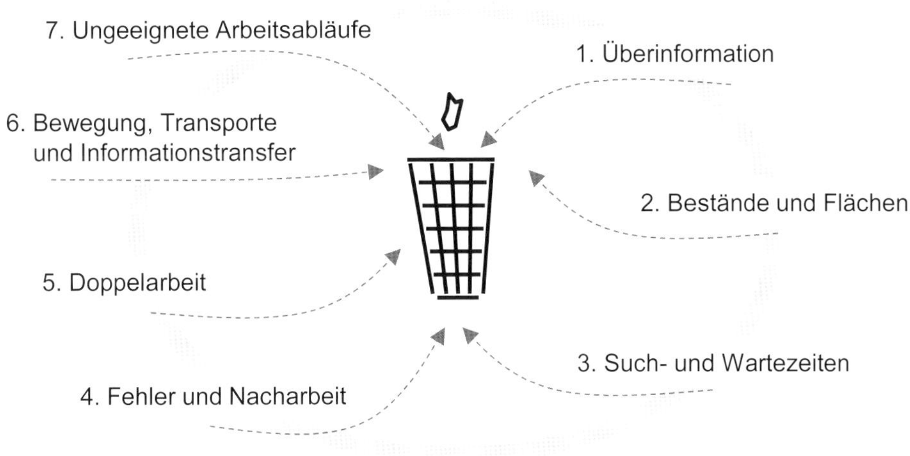

Bild 2-3: Die sieben Arten der Verschwendung (in indirekten Bereichen)

Überinformation

Office-Prozesse bearbeiten kein Material, sondern Information. In diesem Kontext fällt es vergleichsweise leicht, eine Leistung zu erstellen, für die es eigentlich gar keinen (oder noch keinen) Bedarf gibt. Dabei entsteht genauso Überinformation wie beim geballten Weiterleiten ganzer Informationsstapel, die beim Empfänger nur schwer verarbeitet werden können. Ein beliebtes Spiel sind auch E-Mails mit einer möglichst langen Liste an „cc-Adressen". Laut einer Umfrage des Handelsblatts verbringen europäische Manager bis zu zwei Stunden täglich mit dem Lesen und Bearbeiten von E-Mails, von denen sie 32 % als irrelevant bezeichnen (vgl. Laqua 2012).

Bestände und Flächen

Hier handelt es sich um ein typisches Produktionsthema – sollte man meinen. Aber auch auf Schreibtischen können sich Bestände häufen, werden freie Flächen knapp. Ein ständig voller Posteingang ist ein sicheres Indiz für suboptimale Prozesse, wie jede andere Art von Papierstapeln, die sich auf Schreibtischen, Fensterbrettern oder anderen improvisierten Ablageflächen türmen. Obwohl Ordnung und Sauberkeit in Büros schon vor Lean als wünschenswert galten, stapeln sich doch regelmäßig nicht genutzte Arbeitsmittel auf oder in den Schreibtischen. Und belegen Platz.

Mit Beständen in den administrativen Bereichen verhält es sich letztlich genauso wie mit Beständen in der Produktion. Sie erhöhen die Durchlaufzeit. Auch wenn sie teilweise physisch keinen Platz wegnehmen, sondern nur als Dateien die Outlook-Postfächer füllen, ist auch hier jede offene Aufgabe ein Teil einer Warteschlange, hinter der sich jede neue Aufgabe einreihen muss.

Im größeren Zusammenhang sind auch überdimensionierte Büroflächen oder schlecht geschnittene Büros Verschwendung, was man angesichts der gewerblichen Immobilienpreise leicht nachvollziehen kann.

Such- und Wartezeiten

Unpünktliches Erscheinen bei Besprechungen ist nicht nur unhöflich, sondern verschwendet auch die Zeit der Wartenden. Gleiches gilt für verzögertes Antwortverhalten oder das Vorenthalten wichtiger Informationen. Auch das Warten auf eine notwendige Unterschrift kann als Verschwendung interpretiert werden.

Ordnung ist das halbe Leben. Und mangelnde Ordnung führt zu überflüssigem Suchen – nach Vorgängen, Akten, Hilfsmitteln, Ansprechpartnern, Dateien. Verschwendung lauert überall. Selbst beim Warten, bis der Computer endlich hochgefahren ist ...

Fehler und Nacharbeit

Effiziente Informationsweitergabe ist ein schwieriges Geschäft. Oftmals kommen falsche oder unvollständige Unterlagen beim Empfänger an, der dadurch zum Nachhaken gezwungen wird. Eingabefehler und ständig geänderte Dokumente führen zu Korrektur- und Wiederholschleifen, woran unter Umständen die unzureichende Qualifikation von Mitarbeitern schuld ist. Tatsächlich wird unzureichende oder falsch eingesetzte Qualifikation oftmals als eine achte Verschwendungsart definiert – in indirekten und direkten Bereichen gleichermaßen.

Doppelarbeit

Verschwendung durch Doppelarbeit ist meist ein Führungsthema. Wenn Aufgaben nicht eindeutig delegiert werden, kann es passieren, dass sich mehrere Leute parallel mit der gleichen Aufgabe befassen. Und unterschiedliche Lösungen erstellen, die wiederum zu überflüssigen Kontrollschleifen führen.

Bewegung, Transporte und Informationstransfer

„Unser Meeting findet heute im Vertriebsgebäude statt." Anordnungen dieser Art können zu einem regelrechten Besprechungstourismus führen, bei dem einzelne Teilnehmer lange Fußmärsche auf sich nehmen müssen, um an den Ort des Geschehens zu kommen. Verschwendung.

Obwohl der Bürobote heute in den meisten Betrieben ausgemustert ist, rollt doch über viele Flure noch immer ein Transportwagen mit Ordnern und Akten. Eine Verschwendungsart, die auch im papierlosen Büro noch vorkommt, wenn der Transfer von Dateien zwischen einzelnen Systemen erschwert oder umständlich ist.

Ungeeignete Arbeitsabläufe

Die Verschwendungsart der ungeeigneten Arbeitsabläufe leitet sich im Produktionsumfeld von der „Verschwendung im Prozess" ab. Damit ist, einfach ausgedrückt, das „Overprocessing" und das „Underprocessing" gemeint. Zur Erläuterung: Man betreibt eine Form der Verschwendung, wenn man einen Prozess oder eine Technologie auswählt, die entweder deutlich überdimensioniert ist – oder eben nicht ausreichend dimensioniert, um die Anforderungen zu erfüllen. So kann man ein einfaches Loch in ein Werkstück entweder mit einer Ultrapräzisionsmaschine bohren oder mit einer Handkurbel. Beide Optionen stellen eine Verschwendung im Prozess dar, da die Ultrapräzisionsmaschine überdimensioniert ist, die Handkurbel aber nicht ausreichend.

In den produktionsfernen, indirekten Bereichen ist diese Form der Verschwendung noch viel weiter verbreitet und auch schwerer zu erkennen. In den direkten Bereichen werden bei Investitionen und beim Design von Prozessen aufwändige ROI-Rechnungen (ROI = Return on Invest) aufgesetzt. Produktionsplaner versuchen, die Weichen für eine möglichst kostengünstige Herstellung eines Produktes zu stellen. Dabei wird stark darauf geachtet, dass der Prozess nicht zu aufwändig und überdimensioniert ist. Dazu gehört der passende Grad an Automatisierung und Technisierung.

In indirekten Bereichen, wo durchaus auch Technologie eingesetzt wird, um Prozesse zu begleiten, stehen meistens keine ROI-Rechnungen an, es werden keine Produktivitätskennzahlen erhoben und es existieren keine Produkte, auf die Kosten verteilt werden können. Es ist somit weitaus schwieriger, das richtige Maß an Technologie auszuwählen und die richtige Kosten-Nutzen-Balance einzuhalten. Aus diversen Studien ist zum Beispiel bekannt, dass SAP-Einführungen im Mittelstand einerseits sehr kostspielig sind, aber weder Praxis noch Wissenschaft eine geeignete Antwort gefunden haben, den Nutzen des Systems adäquat zu messen. Eine ähnliche Gefahr lauert aktuell im Rahmen der Digitalisierungswelle – Verschwendung ist fast schon vorprogrammiert.

Bei sich selbst beginnen

Man erkennt unschwer, dass es auch in indirekten Bereichen lohnende Beute für die Verschwendungsjagd gibt. Allerdings wird bei der Suche nach Verschwendung ein Fehler immer wieder gemacht. Man sucht nicht bei sich selbst, sondern bei den anderen. Dies mag menschlich verständlich sein, führt aber nicht zum Ziel. Auch hier gilt: Selbsterkenntnis ist der erste Weg zur (Ver-) Besserung. Wirklich verbessern kann man nur die eigenen Prozesse, den eigenen Arbeitsbereich – und sollte sich demzufolge auch darauf konzentrieren.

Ein gemeinsames Bild entwerfen

Fassen wir zusammen: Das Ziel von SYNCHRO ist, das Wertschöpfungssystem bestmöglich auf die Kundenanforderungen auszurichten. Haben wir ferner verstanden, dass es ein probates Mittel ist, die Verschwendung – also alle Tätigkeiten, die nicht unmittelbar der Wertschöpfung dienen – zu identifizieren, zu eliminieren oder mindestens zu reduzieren, dann stellt sich nunmehr die Frage nach dem „Wie?“

Wie muss ein System gestaltet sein, damit es schlank ist, damit es verschwendungsarm ist, damit es die Kundenanforderungen bestmöglich erfüllt? Welche Prinzipien, welche Methoden, welche Denkweisen liegen dem zugrunde?

SYNCHRO als System soll genau diese Fragen beantworten. SYNCHRO bietet uns einen Rahmen an Gestaltungsprinzipien, um unser System in die richtige Richtung zu entwickeln. Das System ist niedergeschrieben und kodifiziert, um in einem Unternehmen von mehr als 11.000 Mitarbeitern mit hoher Diversifikation ein gemeinsames Verständnis zu haben und eine gemeinsame Sprache zu sprechen. Verbunden mit der Möglichkeit, dieses System und dieses Verständnis kontinuierlich weiterzuentwickeln. Gemeinsam.

2.2 Denken braucht Gestalt: Ein Blick ins SYNCHRO-Haus

Die Ordnung der Dinge

Wissenschaftlicher Fortschritt hat, wie wir im ersten Kapitel gesehen haben, mit dem Einsatz einer systematischen Methodik zu tun. Darüber hinaus basiert Wissenschaft auf der durchschaubaren, ebenfalls systematischen Ordnung ihrer Inhalte. Bekannte Beispiele liefern das Periodensystem der chemischen Elemente oder die Aufteilung der Tier- und Pflanzenwelt in Ordnungen (!), Familien und Arten. Diese Ordnungssysteme geben komplexen Inhalten eine erkennbare Gestalt und machen es leichter, sich zu orientieren. Nicht zufällig spricht man in diesem Zusammenhang auch vom *Gedankengebäude* einer wissenschaftlichen Disziplin. Gemeint ist eine strukturierte Umgebung, in der sich derjenige leicht zurechtfindet, der in dem Gebäude heimisch ist. Das Haus gehört zu SYNCHRO und SYNCHRO gehört zu TRUMPF. So einfach ist das.

Im Obergeschoss

Jedem Leser wird im Zusammenhang mit Lean oder SYNCHRO bereits die Darstellung eines Hauses begegnet sein. So wird auch das Toyota Produktionssystem (TPS) häufig mithilfe eines Hauses erklärt. So ähnlich die äußere Gestalt dieser Häuser sein mag, so unterschiedlich ist ihr Innenleben.

Im Obergeschoss des SYNCHRO-Hauses finden sich die Begriffe *Wertschöpfung*, *Qualität*, *Einzelstückfluss* und *Sicherheit*, jeweils versehen mit dem Attribut *100 Prozent*. Diese Begriffe wurden gewählt, weil sie für ein Maschinenbau-Unternehmen wie TRUMPF als Ziele eine große Bedeutung haben. Deshalb sind sie auch auf der obersten Ebene angesiedelt. Die Ziele selbst entspringen in Teilen der Branchencharakteristik und sind zu einem anderen Teil historisch bedingt.

So scheinen aus heutiger Sicht nicht alle Begriffe wirklich glücklich gewählt. Statt *100 Prozent Qualität* steht in vergleichbaren Darstellungen zumeist *Null Fehler*. Tatsächlich lässt sich Qualität ja aus einem Produkt herausprüfen bzw. durch ein sehr aufwändiges Qualitätsmanagement zu den genannten 100 Prozent garantieren. Das ist aber nicht gemeint, eigentlich. Gemeint ist vielmehr das Ziel, fehlerfreie Prozesse zu betreiben, um auf diesem Wege zu einem fehlerlosen Produkt zu kommen, das den Anforderungen des Kunden zu 100 Prozent genügt. Das mag eine sprachliche Feinheit sein, sollte aber beachtet werden.

Darüber hinaus eignet sich eine hundertprozentige Qualität nicht als so genanntes Idealziel (was das ist, erfahren Sie im nächsten Abschnitt). Qualität lässt sich auf dem Wege der Prüfung und Nacharbeit vergleichsweise simpel, aber extrem aufwändig erreichen. Sie lässt sich sprichwörtlich teuer erkaufen. Ein Idealziel hat aber grundsätzlich den Charakter, in der Realität nicht erreichbar zu sein. Bevor wir dieses Mysterium klären, sei noch ein kurzer Blick auf die Bedeutung der vier im Obergeschoss genannten Begriffe geworfen. Sie beschreiben den Daseinszweck von SYNCHRO.

Daseinszweck und Erfolgsformel

100 % Wertschöpfung	=	Alles, was getan wird, dient unmittelbar der Wertsteigerung des Produktes
100 % Einzelstückfluss	=	Alle Produkte und Informationen bewegen sich in einem kontinuierlichen Fluss
100 % Qualität	=	Es passieren keine Fehler
100 % Sicherheit	=	Es bestehen keine Unfallgefahren und es passieren keine Unfälle

Bei der Betrachtung dieser Formeln meldet sich fast zwangsläufig der gesunde Menschenverstand des Skeptikers und moniert: „Unfälle lassen sich niemals zu 100 Prozent ausschließen, zumindest nicht im wirklichen Leben!“ Die passende Erwiderung lautet: Stimmt! Bei den aufgeführten Begriffen handelt es sich jeweils um einen Idealzustand. Dieser hat eher imaginären Charakter und wird in der Literatur zumeist als Nordstern bezeichnet. Dass dies eine falsche Übersetzung des englischen North Star ist, der auf Deutsch eigentlich Polarstern heißt, sei der Vollständigkeit halber erwähnt. Wir bleiben beim gängigen Begriff.

Der Nordstern

Noch einmal: 100 Prozent Wertschöpfung werden sich in keiner Fabrik der Welt erreichen lassen. Selbst Toyota bewegt sich nach eigenem Bekunden eher in der Gegend von 10 Prozent. Und dies nach Jahrzehnten der Optimierung. Die benannten 100 Prozent sind nichts weiter als ein Idealzustand, der sich nicht wirklich erreichen lässt – der aber der Orientierung dient. Wie der Nordstern.

Von großer Bedeutung war der Nordstern für die Navigation von Schiffen. Vor Erfindung der Satelliten-Navigation, wohlgemerkt. Während sich Schiffsführer in der Antike noch vorwiegend an Landmarken orientierten und deshalb in küstennahen

Gewässern fuhren, musste mit der Erschließung der Hohen See ein anderes Mittel zur Navigation her.

Hier bot und bietet sich der Nordstern an, weil er meist gut erkennbar und vor allem, weil er ein Fixstern ist. Er bewegt sich am Himmel nicht von der Stelle. Trotzdem hat unseres Wissens nach kein Seefahrer je versucht, den Nordstern zu erreichen. Er dient als ideale Orientierungshilfe, nicht mehr, nicht weniger.

In diesem Sinne sind auch die Idealzustände zu verstehen. Sie bilden für jedermann klar erkennbare Fixpunkte der angestrebten Entwicklung und geben eine eindeutige Richtung vor.

Das unterscheidet einen Idealzustand von einer Vision, die meist eher unscharf umrissen und interpretierbar ist. Dafür kann eine Vision erreicht werden, wie zahlreiche Beispiele, beispielsweise aus dem Sport, belegen. Der Nordstern dagegen ist nicht zu erreichen, nicht interpretierbar, die 100 Prozent ideale Erfüllung sind nicht verhandelbar. Eine Diskussion nach dem Motto „Würden nicht auch 93 Prozent Sicherheit reichen?" erübrigt sich. Sinn und Zweck eines Nordsterns lassen sich anschaulich visualisieren (vgl. Bild 2-4):

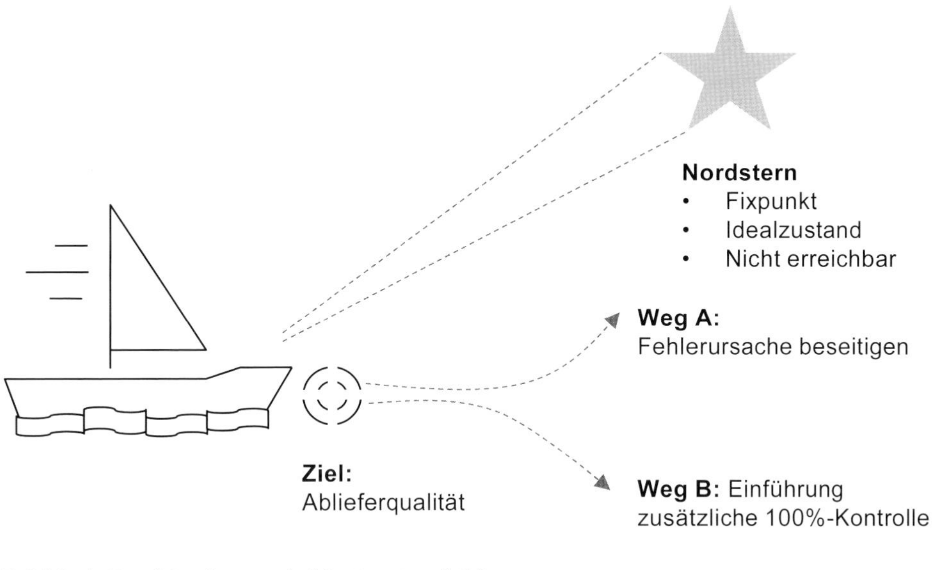

Bild 2-4: Der Nordstern als Navigationshilfe

Vom Schiff aus kann man den Nordstern mithilfe eines Sextanten anvisieren. Damit wird eine Orientierung möglich über die eigene Position, die Fahrtrichtung und darüber, ob man sich tatsächlich in die geplante Richtung bewegt – was auf hoher See, ohne sichtbare Landmarken, keineswegs trivial ist.

Der Nordstern hilft auch dabei, sich für die richtigen Ziele und Wege zu entscheiden. Ein Beispiel, wiederum aus dem Qualitätswesen.

Ziel und Weg – ein Beispiel

Ein klar definierbares Ziel im Unternehmen könnte heißen, mittelfristig die Ablieferqualität der Produkte zu verbessern. Wie bereits angedeutet, führen mehrere Wege zu diesem Ziel. Zum einen kann man an die Fehlerursachen gehen und diese systematisch beseitigen (Option A). Zum anderen kann man versuchen, die Qualität durch eine Endkontrolle sicherzustellen (Option B).

Grundsätzlich wären beide Lösungsoptionen möglich, doch liegt nur Option A in der Richtung des Nordsterns: 100 Prozent Qualität durch Null Fehler. Option B kann ebenfalls Wirkung zeigen, führt aber nicht dazu, dass man sich dem Idealzustand annähert. Heißt: Option B könnte per Management-Entscheid gezogen werden, um die Qualität zum Kunden hin kurzfristig abzusichern. Option A dagegen führt dazu, dass man in Richtung Null Fehler auf Kurs bleibt. Genau zu dieser Orientierung dient der Nordstern.

Ein Einwand der Lean-Skeptiker läuft darauf hinaus, es handle sich bei den Anforderungen um unrealistische Ziele, die niemals zu erreichen wären und deshalb demotivierend wirken würden. Dem ist zu entgegnen, dass es sich eben nicht um Ziele handelt, sondern um Idealzustände, die in der Ferne blinken... Wie der Polarstern.

Das Haus füllt sich

Nachdem das Obergeschoss des SYNCHRO-Hauses mit den oben beschriebenen Anforderungen besiedelt ist, stellt sich nun die Frage, was in den anderen Räumen stattfindet bzw. steht. Die konkrete Frage könnte lauten: „Worin müssen wir exzellent sein, um die Anforderungen erfüllen zu können?“

Die Antwort: „Wir brauchen exzellente Prozesse, exzellentes Management und ein exzellentes Verhalten!“ Dementsprechend lautet die Beschriftung der drei übrigen Räume Prozess-Exzellenz, Management-Exzellenz und Verhaltens-Exzellenz (vgl. Bild 2-5).

Aus einer historischen Perspektive lässt sich sagen, dass ursprünglich die Prozess-Exzellenz stark im Vordergrund stand. Erst nach und nach, mit steigendem Reifegrad,

Bild 2-5: Das SYNCHRO-Haus und seine Räume

keimte die Erkenntnis, dass sich Prozess-Exzellenz sehr viel besser – und nachhaltig – umsetzen lässt, wenn die Management-Exzellenz als unterstützendes Element dazukommt. Inzwischen haben sich die Schwerpunkte dahingehend verschoben, dass parallel und gleich gewichtet an allen drei Ausprägungen von Exzellenz gearbeitet wird. Deshalb ist die Darstellung als Haus nach wie vor sehr gut geeignet. Auch Architekten und Häuslebauer müssen darauf achten, dass ihr Gebäude symmetrisch wird und nicht auf die eine oder die andere Seite kippt.

Begriffsklärung: Exzellenz

Exzellenz, abgeleitet aus dem lateinischen excellere (hervorragend, ausgezeichnet), bedeutet zunächst, dass wir bei TRUMPF anstreben, Spitzenleistung zu erbringen und das dadurch, indem wir ein hervorragendes System entwickeln, bestehend aus hervorragenden Prozessen, hervorragendem Management und einem ausgezeichneten Verhalten. Das Ziel besteht darin, die Qualität und damit die Ergebnisse des Systems kontinuierlich zu steigern, um damit schlussendlich die Wettbewerbsfähigkeit sicherzustellen.

Wie gesagt: Alles begann mit der Optimierung der Prozesse. Deshalb betrachten auch wir das SYNCHRO-Haus zunächst im Raum Prozess-Exzellenz.

Kapitel 3:

Prozess-Exzellenz
Der Weg zur Transparenz

„Echte Gefahr droht spätestens dann, wenn die Bestände drastisch gesenkt werden müssen – sei es, um Lieferzeiten zum Kunden hin zu verkürzen, sei es, um Working Capital zu reduzieren. Besser ist, die Bestände dosiert und vorausschauend abzusenken, um den Blick freizumachen auf verdeckte Probleme wie fehlende Kapazitäten, lange Rüstzeiten, häufige Störungen, fehlende Informationen, zahlreiche Fehler und dergleichen. Nur dann lassen sich die Ursachen dieser Probleme beseitigen, ohne eine Havarie befürchten zu müssen.“

3.1 Was Prozesse exzellent macht

Prozesse gestalten

Als wir das SYNCHRO-Haus neu entwickelten, haben wir uns entschieden, eine klare Trennung zwischen der Prozessgestaltung (Prozess-Exzellenz) und dem Managen und Führen der Prozesse (Management-Exzellenz und Verhaltens-Exzellenz) vorzunehmen. Unser Vorbild, das Toyota Produktionssystem, tut dies nicht so explizit. Dort sind die Führungsgedanken eher versteckt und weniger explizit dargestellt. Insgesamt baut das Toyota Produktionssystem auf zwei Säulen auf: dem Jidoka („Built-in"-Quality, bzw. intelligente Automatisierung) und dem Just-in-Time-Prinzip. Diese beiden Säulen fußen auf den fundamentalen Prinzipien Heijunka (Nivellierung), Kaizen (Verbesserung) und Standardisierung.

Die Anfänge der Lean-Bemühungen in der westlichen Welt lassen sich auf die im Jahre 1992 veröffentlichte Studie „Die zweite Revolution in der Automobilindustrie" von James Womack, Daniel Jones und Daniel Roos zurückführen. In der Folgezeit gingen die ersten Pioniere den Lean-Gedanken nach, darunter in Deutschland Firmen wie Porsche, Festo und auch TRUMPF. Diese Firmen und andere orientierten sich stark am Toyota Produktionssystem. Dabei wurde sämtliche Literatur bemüht, japanische Berater wie etwa Hitoshi Takeda hinzugezogen und Studienreisen nach Japan organisiert. Kurz: Wir fingen an, zu kopieren. Firmen, die dies konsequent taten, erzielten damit sogar ordentliche Erfolge. Bei TRUMPF ebenso wie bei der Festo Tooltechnik (später Festool) konnte ich selbst beobachten, wie wir konsequent die Lean-Prinzipien umsetzten, Durchlaufzeiten und Bestände senkten, Produktivitäten steigerten und die Qualität verbesserten. Die Prinzipien der Prozessgestaltung erwiesen sich als sinnvoll und hilfreich. Festool hat noch heute die besten U-Montage-Linien, die ich im Laufe von 15 Jahren Beratertätigkeit in der mittelständischen Industrie beobachten konnte.

Im Laufe der Zeit konnte man jedoch eine zunehmende Trägheit, teilweise sogar eine Regression der Systeme beobachten. Die Verbesserungskurve wurde flacher. Mit der in Managementkreisen üblichen Konsequenz: Audits und Druck. Aber auch das führte nur zu kurzfristigem Erfolg.

Nach und nach kamen einige Manager ins Grübeln, ob es nicht an etwas anderem fehlte. Ob die folgende Erkenntnis Mike Rother zugeschrieben werden kann, kann ich nicht mit Sicherheit behaupten. Aber schon vor der Veröffentlichung seines Buches „Die Kata des Weltmarktführers" sprach Rother davon, dass wir über die Jahre hinweg die beobachtbaren Elemente des Toyota Produktionssystems kopiert und die dahinter liegenden Haltungen, neudeutsch das Mindset, zu wenig in Betracht gezogen hätten. Allerdings sind diese Management-Routinen und Denkweisen nicht sichtbar und fanden bis zu diesem Zeitpunkt auch in der Literatur zu wenig Beachtung. So lernten wir

Gestaltungselemente, kopierten sie (teilweise sogar falsch: wir implementierten Kanban auch da, wo es keinen Sinn machte), lernten aber nicht, offene Probleme selbst zu lösen. Dazu gehört auch, die Gestaltungselemente richtig einzusetzen, weiterzuentwickeln und zu stabilisieren. Der starke Fokus auf Methoden und Gestaltungsprinzipien ließ sich bei TRUMPF in den verschiedenen Versionen der ersten SYNCHRO-Häuser erkennen. Wir listeten Elemente ohne klare Ordnung untereinander auf und versäumten es, sie in einen erkennbaren Zusammenhang zu bringen. Auch fehlte es an Gedanken zur Gestaltung des Systems – inklusive des Führungsverhaltens oder Management-Routinen (vgl. Bild 3-1).

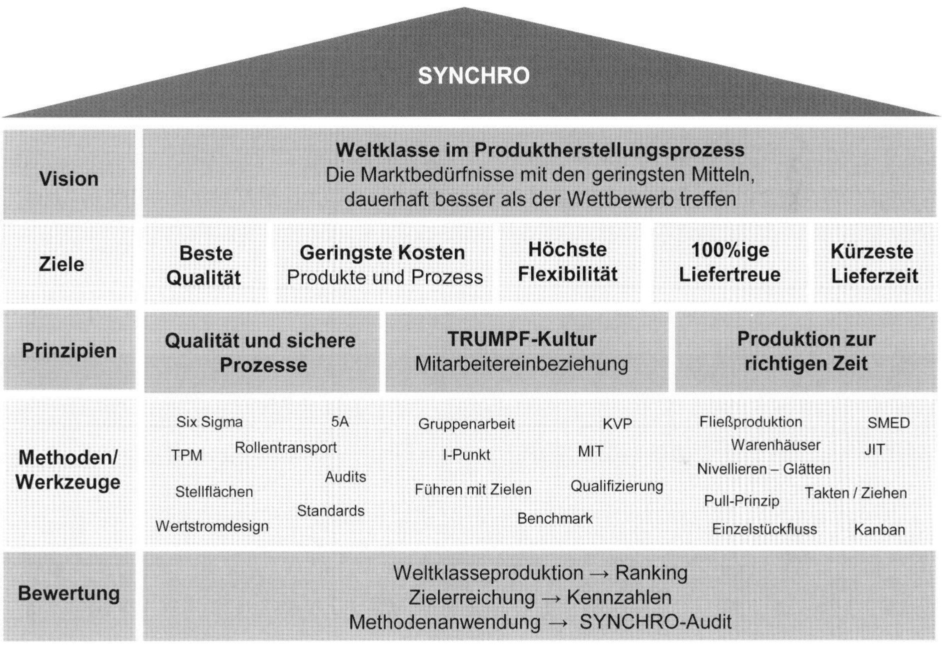

Bild 3-1: Das SYNCHRO-Haus in einer älteren Version

Die beschriebene Trägheit, die abflachende Leistungskurve und die Regression des Systems gaben in letzter Konsequenz den Anstoß für eine Erneuerung des SYNCHRO-Gedankens bei TRUMPF. Aus diesem Grund entschieden wir uns, die Prozess-Exzellenz von der Management- und Verhaltens-Exzellenz zu trennen. Somit räumten wir den von Rother angesprochenen Denkweisen und Management-Routinen einen expliziten Platz im SYNCHRO-Haus ein.

In den Kapiteln 4 und 5 werden wir uns ausführlich der Management-Exzellenz und der Verhaltens-Exzellenz widmen. Gehen wir aber zunächst auf die Prozess-Exzellenz ein. Präziser: Auf die Prinzipien zur Gestaltung hervorragender Prozesse.

Die vier Prinzipien

Die meisten Quellen zum Toyota Produktionssystem beschreiben innerhalb der Just-in-Time-Säule die Prinzipien *Kontinuierlicher Fluss, Takten und Pull.* Da wir der Management-Exzellenz eine eigene Säule geben wollten, entschieden wir uns, das Jidoka als *Null-Fehler-Prinzip* in die Säule Prozess-Exzellenz aufzunehmen. Vorbild dafür war auch das Produktionssystem von Porsche. Dort war das Null-Fehler-Prinzip ebenfalls in den sogenannten Just-in-Time-Tempel integriert.

Starten wir nun mit dem ersten Prinzip, das nicht umsonst ganz oben auf der Liste steht. Heraklits *Panta Rhei* wird auch übersetzt mit „Alles fließt und nichts bleibt. Es gibt nur ein ewiges Werden und Wandeln.“ Damit beschreibt das Fließprinzip gleichzeitig einen Kerngedanken des Lean Management: Die Kontinuierliche Verbesserung.

3.2 Alles soll fließen

Wir nähern uns an

Um das Fließprinzip zu veranschaulichen und herzuleiten, kann man sich auf ein plakatives Beispiel beziehen. Wir betrachten exemplarisch einen Arbeitsablauf, der aus drei in Sequenz angeordneten (hintereinander gekoppelten) Prozessen bzw. Arbeitsplätzen besteht. Prinzipiell spielt es keine Rolle, ob es sich um eine Montage oder um Büroprozesse handelt, es gelten die gleichen Gesetze. Ein anschauliches Beispiel wäre die Bearbeitung eines Antrages, der in der Verwaltung mehrere Stellen durchläuft.

Damit die Arbeit nicht ausgeht, steht vor jedem Arbeitsplatz ein Körbchen mit zu erledigenden Aufgaben. Der Bearbeiter entnimmt jeweils eine Aufgabe aus seinem Eingangskorb, bearbeitet diese und legt sie in einen bereitstehenden Ausgangskorb. Dieser Ausgangskorb wird zum nachfolgenden Platz weitergeschoben, wo ebenfalls ein voller Eingangskorb steht. Nach demselben Muster wird auch beim nächsten angekoppelten Schritt verfahren. Um das Beispiel einfacher rechnen zu können, nehmen wir für die Ausgangssituation an, dass in jedem Eingangskörbchen zehn Aufgaben liegen (vgl. Bild 3-2). Jede Bearbeitung einer Aufgabe benötigt genau eine Minute.

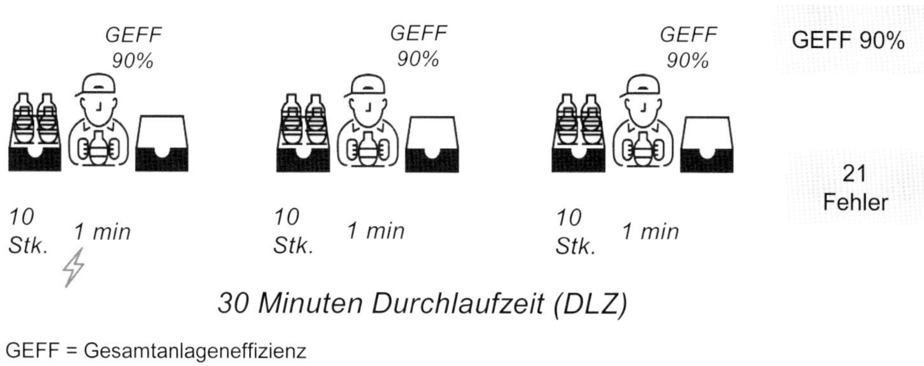

Bild 3-2: Ein beispielhafter Ablauf (aus der Produktion)

Eine Aufgabe (Auftrag), die im ersten Eingangskorb unten liegt, benötigt damit rechnerisch 30 Minuten, bis sie von allen drei Stellen fertig bearbeitet ist, weitergegeben wurde und im letzten Ausgangskorb bei den fertiggestellten Aufgaben liegt. Der Antrag ist danach fertig bearbeitet – woraus ersichtlich ist, dass es sich kaum um einen Antrag zur Erstattung der Reisekosten handeln kann.

Wir halten fest, der Auftrag hat eine Durchlaufzeit von 30 Minuten bei 3 Minuten Bearbeitungszeit.

Die Durchlaufzeit verkürzen

Wenn man bestrebt ist, die Durchlaufzeit zu verkürzen, könnte man auf die Idee kommen, schneller zu arbeiten. Das wäre in unserem Beispiel allerdings nicht der beste Ansatz, weil die Bearbeitungszeit nur einen geringen Teil der Durchlaufzeit ausmacht – den größten Anteil hat die Liegezeit. Man kann das Verhältnis der Bearbeitungszeit zur Durchlaufzeit in Form einer Kennzahl darstellen. Diese Kennzahl wird als Flussfaktor bezeichnet und beträgt in unserem Beispiel 3/30 also 1/10.

Man kann auch dazu übergehen, die einzelnen Bearbeitungsschritte ohne Zwischenstufen direkt miteinander zu koppeln. Wenn im ersten Eingangskorb wiederum 10 Aufgaben liegen, ergibt sich bei einer konstanten Bearbeitungszeit von 1 Minute eine Durchlaufzeit von 12 Minuten, bis der Ausgangskorb voll und der Auftrag fertig bearbeitet ist (9 Minuten Wartezeit + 3 Minuten Bearbeitungszeit).

Wenn es nun noch gelänge, den Auftragsbestand im Eingangskorb von 10 auf 1 Aufgabe zu senken, könnte man die Durchlaufzeit auf 3 Minuten verkürzen (Bild 3-3).

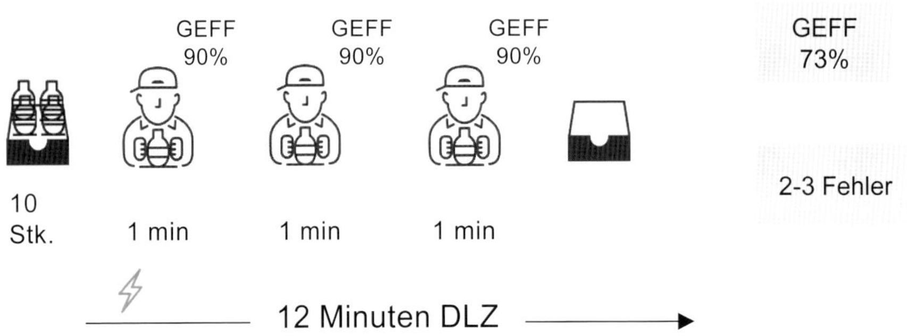

Bild 3-3: Verkürzung der Durchlaufzeit durch direkte Verkettung

Der rechnerische Effekt einer Durchlaufzeit-Reduzierung kann sich sehen lassen. Das ist ein erstes Ergebnis des Fließprinzips, das wir im Beispielprozess installiert haben.

Die Verfügbarkeit ermitteln – Störungen sichtbar machen

Auch in der Verwaltung sind die Bearbeitungsstellen meist nicht zu 100 Prozent verfügbar. Der Chef kann anrufen, Kollegen stellen eine Rückfrage, der Toner am Arbeitsplatzdrucker muss gewechselt werden usw. Nehmen wir für unser Beispiel an, jeder Arbeitsplatz hätte eine Verfügbarkeit von 90 Prozent. Heißt: In einer Stunde ist die Stelle für einen Zeitraum von sechs Minuten wegen zufälliger Störungen nicht einsatzbereit. Das bedeutet für den ursprünglichen Prozess eine Gesamt-Verfügbarkeit von ebenfalls 90 Prozent. Die jeweiligen Nachfolger können nämlich weiterarbeiten, da sie einen Aufgabenbestand von 10 Aufgaben haben.

Beim fließenden Prozess ergibt sich bei einer Einzelverfügbarkeit von ebenfalls 90 Prozent eine Gesamtverfügbarkeit von nur 73 Prozent. Bevor sich an dieser Stelle Enttäuschung über das Fließprinzip breit macht, sei wiederum gesagt: Und das ist gut so.

Beim Fließprinzip tut die schlechtere Verfügbarkeit in der Tat weh. Aber: Das damit verbundene Problem wird sichtbar, während es durch die ursprünglichen Bestände verdeckt bleibt. Wenn man im Ausgangszustand keinen Grund hatte, an der Beseitigung von Störungen zu arbeiten, wird man beim Fließprinzip praktisch gezwungen, etwas zu tun. Übersehen lässt sich eine Verfügbarkeit von nur 73 Prozent jedenfalls nicht. Zumal dieser Wert bei längeren Prozessketten dramatisch sinkt und auch dann deutlich spürbar wird, wenn Einzelverfügbarkeiten von 99 Prozent auftreten. Also lässt sich auch dieses Ergebnis positiv werten. Störungen werden sichtbar.

Noch einmal: Wer das Fließprinzip einführt, bezweckt damit, diese Störungen deutlich sichtbar zu machen und sie nicht durch das ruhige Wasser hoher Bestände zu überdecken. Diese Metapher verweist direkt auf die bekannte Visualisierung mit dem so genannten See der Bestände (vgl. Bild 3-4). Ein Unternehmen treibt beschaulich auf vermeintlich ruhigem Wasser dahin, ohne die bedrohlichen Klippen zu bemerken, die dicht unter der Oberfläche (der Bestände) liegen. Je mehr Bestand im System ist, desto eher werden die Probleme verdeckt – und demzufolge auch nicht beseitigt. Dieser Zusammenhang gilt wohlgemerkt auch für die indirekten Bereiche mit ihren jeweiligen Beständen an Aufträgen, Projekten o.ä.

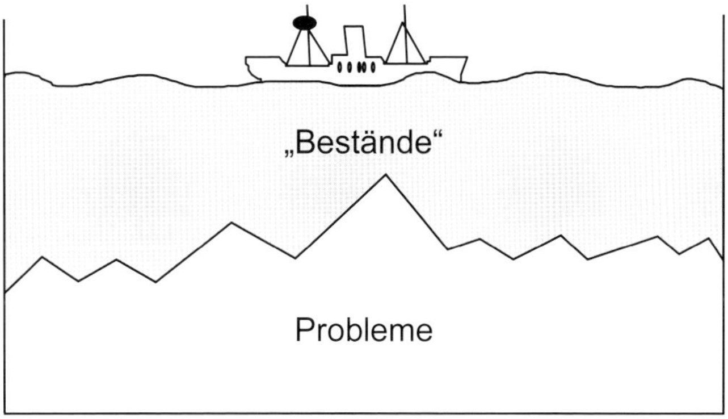

Bild 3-4: Der See der Bestände verdeckt Probleme

Echte Gefahr droht spätestens dann, wenn die Bestände drastisch gesenkt werden müssen – sei es, um Lieferzeiten zum Kunden hin zu verkürzen, sei es, um Working Capital zu reduzieren. Besser ist, die Bestände dosiert und vorausschauend abzusenken, um den Blick freizumachen auf verdeckte Probleme wie fehlende Kapazitäten, lange Rüstzeiten, häufige Störungen, fehlende Informationen, zahlreiche Fehler und dergleichen. Nur dann lassen sich die Ursachen dieser Probleme beseitigen, ohne eine Havarie befürchten zu müssen.

Zu einem sorgsamen Umgang mit Bestandssenkungen ist auch aus Gründen der Prozess-Stabilität zu raten. Bei langen Prozessketten können Bestandspuffer so lange sinnvoll sein, bis das Fließprinzip wirklich etabliert ist. So kann es beispielsweise technologisch bedingt sein, bestimmte Puffer weiterhin vorzuhalten – das sehen übrigens auch die Altmeister von Lean und SYNCHRO wie Hitoshi Takeda (Takeda 2002) so. Selbst Toyota „entkoppelt“ Montagelinien bisweilen, indem kleine Puffer vor die Linien gesetzt werden, um auf diese Weise mehr Stabilität in den Prozess zu bekommen. In Toyota-Werken werden teilweise auch innerhalb von Linien kleine Materialpuffer gehalten, um Kurzstillstände im Sinne des Wortes abzupuffern. Damit man eine Vorstellung von der Dimensionierung dieser Puffer bekommt: Die darin gehaltenen

Vorräte übersteigen eine Reichweite von zehn Minuten praktisch nie. Selbst zwischen Fertigung und Montage kommt man mit einem Vorrat von maximal einer Stunde aus.

Puffer beziehen sich immer auf die drei Dimensionen Zeit, Kapazität und Bestand. Das gilt für die Produktion und für die indirekten Bereiche gleichermaßen.

Fehler früher erkennen

Die direkte Konsequenz des Fließprinzips ist, dass die Durchlaufzeit verkürzt wird – mit mittelbarer Auswirkung auf Bestand/Working Capital und benötigte Fläche. Indirekte Konsequenz ist, dass Störungen im Prozess erkennbar und Fehler sichtbar werden. In unserem nicht fließenden Beispielprozess bleiben Fehler unter Umständen lange unerkannt. Tatsächlich gibt es eine ganze Reihe von Produkten, die erst bei einer Funktionsprüfung des kompletten Produktes zuverlässig geprüft werden können. Dies ist teilweise auch bei Maschinen der Fall, bei denen fehlerhafte Baugruppen erst bei der Endprüfung als solche erkennbar sind.

Wenn auf Position A, aus welchen Gründen auch immer, systematisch Fehler gemacht werden, die Endprüfung aber erst nach Position C erfolgt, sind 21 fehlerhafte Teile produziert (vgl. Bild 3-2), bevor der Fehler deutlich wird. Im fließenden Prozess dagegen erkennt man den Fehler bereits nach zwei bis drei Teilen, weil die Endkontrolle nach C sehr viel schneller erfolgt und A maximal dabei ist, ein drittes Fehlteil zu produzieren, sobald der Fehler erkannt ist.

Damit wird klar, dass Prozess-Exzellenz nicht nur auf die Prozessleistung (Durchlaufzeit) selbst wirkt, sondern auch Auswirkungen auf die Transparenz hat, indem nämlich Störungen sichtbar und Fehler schneller erkannt werden. Hiervon ist an anderer Stelle ausführlich die Rede.

3.3 Den Takt angeben

Das Thema Kundentakt

Ein weiterer zentraler Begriff von SYNCHRO ist der Kundentakt. Beschrieben wird der Takt als Zeit pro Stück, präziser ausgedrückt in dem Bruch

$$\frac{\text{Verfügbare Zeit pro Periode}}{\text{Bedarf des Kunden (Stückzahl) pro Periode}}$$

Obwohl der Takt für die indirekten Bereiche oftmals kontrovers diskutiert wird, liegt die Übertragung auf diese Prozesse doch relativ nahe. Auch von Servicebereichen wird gefordert, eine bestimmte Anzahl von Aufträgen oder Vorgängen am Tag zu bearbeiten. In der Finanzbuchhaltung stellt beispielsweise die Bearbeitung von Buchungsvorgängen eine Kerntätigkeit dar. Die Berechnung der Taktzeit könnte dann ergeben, dass für die vollständige Bearbeitung eines solchen Vorgangs durchschnittlich 10 Minuten zur Verfügung stehen. Es mag etwas gewöhnungsbedürftig klingen, dass die Finanzbuchhaltung mit einem 10-Minuten-Takt arbeitet – falsch ist es jedenfalls nicht. Wenn ein Vorgang nämlich mehr Zeit in Anspruch nimmt, weil die Bearbeitung komplexer ist, stauen sich die Vorgänge vor dem betroffenen Arbeitsplatz.

Wenn dies (wiederum) erkennbar wird, stellt sich die Frage, ob die verfügbare Kapazität nicht zu gering bemessen ist. Damit kommt eine weitere Größe ins Spiel. Die benötigte Kapazität an Ressourcen bezieht sich auf die Arbeitsinhalte in Abhängigkeit von der Taktzeit:

$$\frac{\text{Arbeitsinhalt}}{\text{Taktzeit}}$$

Bei einem Arbeitsinhalt von 40 Minuten und einer Taktzeit von 10 Minuten benötigt man also 4 solcher Ressourcen – wobei noch nichts darüber gesagt ist, wie diese Ressourcen auf die Takte verteilt sind. Theoretisch kann man vier Ressourcen gleichzeitig arbeiten lassen, dann käme man mit einem Takt aus. Im anderen Extrem würde jedem Takt genau eine Ressource zugeordnet, der Arbeitsinhalt würde sequenziell bearbeitet. In der Praxis kommen tatsächlich alle denkbaren Fälle von Arbeitsverteilung vor. Hier ist es allerdings zumeist so, dass Arbeitsinhalte, Taktzeit und Ressourcen einander nicht symmetrisch entsprechen. So verteilt sich der Arbeitsinhalt von 40 Minuten in einem Prozess oder Arbeitssystem beispielsweise ungleichmäßig auf 6 Ressourcen (vgl. Bild 3-5).

Die obere Linie in Bild 3-5 stellt die Taktzeit von 10 Minuten dar. Wird diese unterschritten, entsteht Leerlauf bzw. Wartezeiten. Der Anteil an Wartezeiten lässt sich in Form des Austaktungsgrades berechnen. Dazu wird das Verhältnis gebildet zwischen Output und Input, also dem geplanten Arbeitsinhalt und der Zeit, die tatsächlich zur Verfügung gestellt wird. In unserem Beispiel also

$$\frac{\text{Output (40)}}{\text{Input (60)}}$$

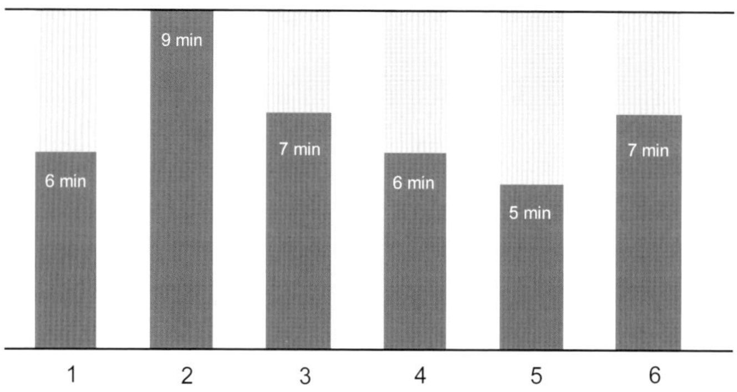

Bild 3-5: Verteilung von Arbeitsinhalten auf Takte

Wie unschwer zu erkennen ist, entspricht der Austaktungsgrad 2/3 oder 67 Prozent. Die Qualität des Ergebnisses hängt wiederum von der Kenntnis des Outputs ab, der im Betrieb in Form von Vorgabezeiten dargestellt wird. Also gilt: Nur wer seine Vorgabezeiten wirklich kennt, ist in der Lage, seine Takte richtig zu bestimmen bzw. seine Prozesse richtig auszutakten.

Je geringer die Arbeitsinhalte und je kleiner die Varianz im Produktspektrum ist, desto einfacher lassen sich die Vorgabezeiten ermitteln – und eine ideale Austaktung entwickeln. Im Maschinenbau haben wir es mit sehr großen Arbeitsinhalten (bis zu 300 Stunden) und mit hoher Varianz zu tun, was die Austaktung erschwert. Dies gilt zumindest für die Produktion, muss damit aber nicht zwangsläufig für alle indirekten Bereiche in gleichem Maße gelten.

Man kann sich der Austaktung schrittweise annähern, indem die Arbeitsinhalte eines Tages in mehrere Blöcke unterteilt werden. Nun kann man beobachten, welche dieser Blöcke gehalten werden und welche nicht. Auf diese Weise kommt man auf dem Wege des Experimentes (!) zu einer schrittweisen Austaktung, die zwar relativ grob ist – aber besser ein grober Takt, als gar keiner. Und auf Sekunden kommt es bei der Montage komplexer Maschinen und Anlagen in der Regel auch nicht an.

Verschwendung in Sicht

In unserem Beispiel sind 67 Prozent der zur Verfügung stehenden Zeit genutzt, im Idealfall für Wertschöpfung. Damit wird auf den ersten Blick erkennbar, dass 33 Prozent direkt verschwendet werden. Man spricht hier von so genannten Austaktungsverlusten. Dies wiederum führt zu der Überlegung, wie sich die verfügbaren Ressourcen besser nutzen lassen. „Benötigen wir tatsächlich 6 Ressourcen, oder würden auch 4 genügen?“ Eine Frage der Dimensionierung.

In einem zweiten Schritt lässt sich dann durch das Austakten weitere Verschwendung durch Wartezeiten minimieren – völlig eliminieren wird man sie in der Praxis nicht können.

Bei gering ausgelasteten Ressourcen werden zudem Störungen verdeckt. Wer nur 5 von 10 Minuten wirklich arbeitet, hat alle Zeit, in den verbleibenden 5 Minuten Störungen zu beseitigen, ohne dass jemand etwas davon merkt. Gleiches gilt für Schwankungen, die durch die großen zeitlichen Puffer überlagert werden. Störungen und Schwankungen werden nur sichtbar, wenn der Takt reißt.

In Summe lässt sich auch für den Takt feststellen, was wir bereits für den Fluss angesprochen haben: Es geht bei einer optimalen Austaktung nicht nur darum, die Effizienz der Prozesse zu steigern. Es geht auch darum, Störungen, Schwankungen, kurz Abweichungen sichtbar zu machen. Bei Toyota ist die Kennzahl Taktrisse eine wichtige Größe für das Shopfloor Management. Das Management wird unruhig, wenn diese Zahl besonders gut oder besonders schlecht ist. Reißt der Takt zu selten, ist dies ein Hinweis auf zu große zeitliche Puffer. Reißt er zu oft, könnte dies an nicht zutreffenden Vorgabezeiten liegen oder auf zu viele Fehler und Störungen hindeuten. In beiden Fällen wäre Verschwendung die Folge.

Bei TRUMPF haben wir auf manchen getakteten Fließlinien bis zu 17 verschiedene Grundtypen an Maschinen. Dabei kann es sich um eine so genannte gemischte Fließlinie handeln, in der noch eine schier unbegrenzte Anzahl an Varianten montiert wird. Sicherlich ist das kein erstrebenswerter Zustand – die Entwicklung von Plattformstrategien und Baukästen soll hier auch für Erleichterung sorgen. Dennoch erschwert diese Varianz eine saubere und effiziente Austaktung, da die Arbeitsinhalte der Grundtypen und Varianten stark abweichend sind. Ein probates Gestaltungselement sind hier so genannte Optionentakte. Dabei versuchen wir gezielt, Optionsarbeitsinhalte in einem Takt zu bündeln. Mit diesem Vorgehen reduzieren bzw. fokussieren wir die Variabilität auf einen Platz und einen Mitarbeiter. Das ist einfacher, als die Variabilität gleichmäßig auf alle Arbeitsstationen zu verteilen. Ähnliche Prinzipien kann man sich übrigens auch in den administrativen Prozessen vorstellen, indem man regelmäßig auftretende Tätigkeiten von unregelmäßigen trennt.

Dennoch bleibt ein Rest Ungleichmäßigkeit bestehen, die nicht nur davon herrührt, dass die Arbeitsinhalte unterschiedlich sind, sondern auch davon, dass die Maschinen, die im Fluss montiert werden, unterschiedliche Reife und Stabilität aufweisen. In einem unserer Serienwerke hilft die so genannte „Taktriss-Landkarte“ dem Führungsteam, zu erkennen, welche Maschinentypen auf welchen Stationen besonders häufig die Takte reißen und wo die Takte nie reißen. Dieses mehrdimensionale Pareto hilft bei der Orientierung, indem es zeigt, wo wir viele Probleme, ggf. zu viel Arbeitsinhalt oder auch zu wenig Arbeitsinhalt haben. Die Konsequenz ist Neuaustaktung oder fokussierte Prozessverbesserung.

3.4 Das Zieh-Prinzip

Kanban in Köln

Eine Methode, die immer wieder mit Lean in Verbindung gebracht wird, heißt Kanban. Ohne hier in die Details zu gehen, sei doch gesagt, dass Kanban symbolisch für ein weiteres wichtiges Prinzip innerhalb des SYNCHRO-Hauses steht. Für „Pull", auf Deutsch als Zieh-Prinzip bezeichnet. Nach diesem Prinzip werden Materialflüsse gesteuert, indem leere Behälter gegen volle Behälter getauscht werden. Wo etwas fehlt, muss etwas hin, vereinfacht gesagt.

Das Zieh-Prinzip lässt sich an einem anschaulichen Beispiel erklären, das man in Kölner Gaststätten live beobachten kann. Es geht um die Versorgung der Kunden mit Kölsch, dem lokalen Bier. Spötter behaupten, dieses sei nur genießbar, wenn es frisch gezapft getrunken wird. Darauf haben sich die Lokale eingestellt und versorgen ihre Gäste sofort mit einem frischen Glas, sobald das alte Glas leer ist. Kellner sind ständig mit frisch gefüllten Gläsern zwischen den Tischen unterwegs – sobald sie auf einem Tisch ein leeres Glas sehen, wird getauscht. Das ist nicht ganz so gesundheitsschädlich, wie es sich anhört, die Gläser fassen nur 0,1 Liter Bier und nicht, wie in Süddeutschland üblich, einen halben Liter. Erwachsene Menschen können also durchaus mehr als ein einziges Glas verkraften, ohne ihre Leber zu gefährden.

Ein leeres Glas signalisiert also Bedarf beim Kunden und wird durch ein volles Glas ersetzt. Allerdings reicht die Versorgungskette nicht bis zum Fass. Gläser werden in einer bestimmten Menge vorgezapft, bereitgestellt und erst danach vom Kellner übernommen. Man spricht hier davon, dass das Zieh-Prinzip am Zapfhahn entkoppelt wird. Der Kunde wird im „Pull" versorgt. Ist das System richtig aufgestellt, erfolgt auch die Vorbereitung der Kölschgläser nach einem Pull, allerdings in einem separaten Kreislauf. Die Anzahl der Kellnerinnen und die Anzahl ihrer Tabletts dimensionieren die Höhe des Umlaufbestandes. Der Wirt hinter dem Tresen kann nicht beliebig viel vorzapfen, sonst wird das Bier schal. Das Pull-System nimmt also eine gewisse Überproduktion in Kauf, kontrolliert und begrenzt dies aber. Das System muss auch in regelmäßigen Abständen immer wieder kontrolliert und angepasst werden. Wird der Durst weniger, sinkt also die Kundennachfrage, muss der Wirt beginnen, Gläser, Tabletts oder Bedienungen aus dem System herauszunehmen – ob dies auf Basis von Planzahlen geschieht oder auf Basis von Erfahrungswerten, wissen wir nicht. Da es hier um das Pull-Prinzip geht, muss uns das auch nicht weiter kümmern.

Zurück im Unternehmen

Das Kölsch-Beispiel lässt sich verhältnismäßig leicht auf Unternehmensprozesse übertragen. Das Vorzapfen des Bieres und das Vorhalten von Beständen hat einen ganz entscheidenden Grund: Die Erwartung des Kunden an die Lieferzeit ist kürzer als die Produktions- und Transportzeit. Stichwort: Systemdenken im Lean Management. Die Kundenanforderungen müssen in der Regel vom System entkoppelt und gepuffert werden, vor allem dann, wenn das System nicht die gleiche Flexibilität hat. Wir sind nicht in der Lage, so schnell zu produzieren und zu liefern, wie der Kunde es erwartet. Wir haben ggf. durch eine hohe Varianz im Lieferantenprozess nicht die gleiche Flexibilität wie im Kundenprozess.

Einige Beispiele sollten dies verdeutlichen. In Prozess-Schritten wie Urformen (Gießen) oder der Zerspanung sind wir oft an Rüstzeiten gebunden und damit zur Bündelung von Losen gezwungen. Verstärkt wird das Ganze noch durch die Tatsache, dass wir diese Prozesse aufgrund ihrer Investitionsintensität oft in zwei oder sogar drei Schichten betreiben, wohingegen wir Kundenprozesse, wie z.B. eine Endmontage, meist nur in einer Schicht oder maximal in zwei Schichten laufen lassen. Montagen haben zudem eine sehr hohe Flexibilität. Losgröße 1 ist leicht realisierbar, Rüstzeiten sind kaum vorhanden. Wir sind in der Lage, sehr nah am Kundentakt zu produzieren. Das bedeutet in letzter Konsequenz, dass es sinnvoll erscheint, die Montage vom Fertigungsprozess durch ein Zwischenlager zu entkoppeln.

Dafür, dass die Bestände in diesem Lager nicht bis unter die Hallendecke wachsen, sorgt ein einfaches System. So ist der Bestand etwa nach der Faustformel

Bedarf x Wiederbeschaffungszeit

dimensioniert. Gekennzeichnete Flächen oder maximale Bestandshöhen machen das Erkennen von Abweichungen vergleichsweise leicht möglich. Auch hier gilt: Verschwendung wird sofort erkannt.

In der Produktion sorgt Pull vor allem dafür, dass keine Überproduktion entsteht, bzw. dass Überproduktion gedeckelt wird. Übertragen auf indirekte Prozesse gilt dasselbe für die Überinformation. Heißt: Information fließt (!) nur, wenn Bedarf besteht. Beispielsweise könnte ein leerer Eingangskorb signalisieren, dass Information nachgeliefert werden muss. In der Montage erfüllt diesen Zweck ein leerer Kanban-Behälter. Produziert wird nur, was der nächste Prozess-Schritt benötigt. Wo etwas fehlt, muss etwas hin, wie gesagt.

Entkopplungspunkte zwischen Push oder Pull könnte man sich im Büro über die sichtbare Dimensionierung von Posteingängen vorstellen, bei der ein Maximalbestand von Vorgängen nicht überschritten werden darf. Was durch ein einfaches Visualisierungs-System auch informationstechnisch zu verwirklichen wäre.

Ein kurzes Fazit

Das Zieh-Prinzp sorgt dafür, dass die Durchlaufzeit bei der Versorgung des Kunden reduziert wird. Ein einfaches Signal-System (z.B. leere Gläser oder Behälter) schafft die notwendige Transparenz. Neben Pull hat auch das Push-Prinzip seine Berechtigung – wenn Überproduktion streng kontrolliert wird. Abweichungen und Verschwendung müssen sichtbar bleiben.

3.5 Null Fehler einbauen

Fehler erkennen

„Nur, wer nicht arbeitet, macht keine Fehler.“ Dieses Sprichwort macht deutlich, dass der Volksmund instinktiv Recht hat. Wer etwas tut und aktiv wird, läuft auch Gefahr, Fehler zu machen. Wir werden uns im Zuge der Management-Exzellenz noch eingehend damit beschäftigen, wie wichtig es ist, in einer positiven Fehlerkultur aus Fehlern zu lernen und dabei auch zu akzeptieren, dass Menschen wie Prozesse nicht unfehlbar sind. Das Null-Fehler-Prinzip beinhaltet, dass Fehler durch die bereits besprochenen Prinzipien weitgehend vermieden, im schlechtesten Fall aber frühzeitig erkannt und beseitigt werden. Diesem Zweck dient die Transparenz, die den Prinzipien „Fließen – Takten – Pull(en)“ zu Eigen ist. Null(en) ist aus dieser Sicht ein Zwitter, Querschnittseigenschaft und Exzellenz-Prinzip gleichermaßen.

Fehler automatisch erkennen – „Built-in“-Quality

Ein Instrument zur automatischen Fehlererkennung heißt auf Japanisch „Jidoka“. Wir haben einleitend zu diesem Kapitel beschrieben, welchen hohen Stellenwert Jidoka im Toyota Produktionssystem hat, wo es als eigene Säule beschrieben ist. In der praktischen Lean-Umsetzung erging es Jidoka allerdings ähnlich wie den zwei der drei „M“ – Mura und Muri. Ihre besondere Wichtigkeit wurde oft nicht erkannt und so gerieten sie in den Produktionssystemen ins Hintertreffen – ein Grund unter anderen, warum viele Lean-Systeme nicht richtig funktionieren.

Jidoka wird mit dem Kunstwort „Autonomation“ übersetzt, das die Begriffe Automatisierung und Autonomie verbindet. Das hinter Jidoka liegende Prinzip basiert darauf, dass Fehler automatisch erkannt werden und der Prozess angehalten wird. Es bleibt also bei maximal einem Fehler – bei Serienprozessen bereits ein großer Fortschritt.

Ursprünglich wurde Jidoka für den Einsatz an mechanischen Webstühlen entwickelt. Wenn hier ein Webfehler entstand, beispielsweise durch einen gerissenen Webfaden, pflanzte sich dieser Fehler bei weiterlaufender Maschine fort und machte das Endprodukt unbrauchbar. Das System wurde so eingerichtet, dass die Maschine bei einem Fadenriss zum sofortigen Stillstand kam, der Faden wurde wieder eingefädelt, der Fehler somit behoben.

Übertragen auf einen Prozess der Metallverarbeitung wäre ein Beispiel, dass eine Maschine stoppt, sobald sie das Werkstück beschädigt. Folgefehler werden dadurch vermieden. Das Instrument Jidoka ist in Deutschland erstaunlicherweise nicht sehr weit verbreitet. Bei Toyota dagegen steht Autonomation gleichrangig neben den Prinzipien der Prozess-Exzellenz. Wenn Fehler auftreten, wird die Produktion sofort gestoppt. Dafür, dass sich dies in deutschen Betrieben nur langsam durchsetzt, könnte das hierzulande verbreitete Auslastungsdenken verantwortlich sein. Ein hoher Nutzungsgrad teurer Anlagen wird höher bewertet als fehlerhafte Teile, die sich leicht entsorgen oder vielleicht sogar nachbearbeiten lassen. Die Anlage läuft dann wieder und alles scheint gut (was natürlich ironisch gemeint ist).

Jidoka in der Montage

Die automatische, autonome Fehlererkennung kommt bei Toyota nicht nur in der Teilefertigung zum Einsatz. In einem Montagetakt, in dem drei Schrauben automatisch angezogen werden, wird das Drehmoment ebenfalls automatisch gemessen und im zentralen System überwacht. Stimmt das Drehmoment bei einem der drei Schrauber nicht mehr, wird das Montageband sofort angehalten. Ein Springer kommt, stellt das Drehmoment manuell ein, quittiert die Fehlerbehebung. Das Band kann weiterlaufen bis zur nächsten Instandhaltung. Dort wird der Fehler dann nachhaltig behoben.

Die Reißleine ziehen

Bei TRUMPF finden wir zu großen Teilen reine Montageprozesse vor. Jidoka muss also von der Welt der Großserien in unsere Welt übersetzt werden.

Gehen wir noch einmal auf den Kerngedanken zurück: Ein Fehler entsteht. Er wird erkannt. Der Prozess stoppt. Es wird erst weitergearbeitet, wenn der Fehler behoben ist. Ohne anmaßend zu klingen, aber in meiner ganzen Zeit als Berater in der mittelständischen Industrie und selbst bei TRUMPF, namentlich in Bereichen außerhalb der

Produktion, ist dieses Phänomen eher eine Seltenheit. Die Regel heißt „Workaround". Wir neigen dazu, Fehler zu akzeptieren, im Sinne des Weiterkommens mit provisorischen Lösungen und Bypässen durchzukommen. Vielen brennt es unentwegt im Hinterkopf, dass der Prozess, so wie er läuft, nicht optimal ist, dass er verbessert gehört, dass aber im Moment keine Zeit vorhanden ist. In den Trainings für Führungskräfte aus den indirekten Bereichen wird dieser Punkt immer wieder ausführlich diskutiert. In der Regel mit großer Zustimmung. Wir bekommen dort Antworten wie „Wir sollten wirklich mal den Prozess anhalten und ihn richtig aufstellen". Das Problem bei der Sache ist, dass die Prozesse oft so schlecht sind, dass ein Stopp zu einem völligen Stillstand (auch der vor- und nachgelagerten Prozesse) und damit im schlimmsten Fall zu Lieferausfällen führen würde. Man kann das auch als Teufelskreis beschreiben, der kaum noch durchbrochen werden kann, wenn er zu weit fortgeschritten ist. Bedenkt man dies, ist die logische Konsequenz, es erst gar nicht so weit kommen zu lassen und auch bei kleineren Fehlern konsequent den Prozess zu stoppen und sicherzustellen, dass er schnellstmöglich wieder nach Standard funktioniert. Und zum Teufelskreis sei gesagt: So weh es tut, einmal muss er durchbrochen werden.

Bekannt und zu Unrecht gefürchtet ist das Instrument der Reißleine in der Produktion. Dabei handelt es sich um ein Gestaltungsinstrument, um das Null-Fehler-Prinzip oder das Jidoka in der Praxis umzusetzen. Wie gesagt: Gerade in Serienprozessen müssen Fehler sofort abgestellt werden, um Folgefehler zu vermeiden. Das geht so weit, dass Montagebänder von jedem Mitarbeiter angehalten werden können, wenn dieser einen Fehler entdeckt. Er zieht im wahrsten Sinne des Wortes die Reißleine. In der Produktion und in den indirekten Bereichen muss also ein System aufgebaut werden, das es den Mitarbeitern ermöglicht, Hilfe anzufordern und nötigenfalls den Prozess anzuhalten. So gehören zu dem Instrument der Reißleine nicht nur das Signal oder die Möglichkeit des Prozess-Stopps, sondern natürlich auch klare Eskalationsregeln. Die traurige Wahrheit hinter diesem Gedanken ist, dass meistens erst dann etwas passiert, wenn die Anspannung und die Bedrohung groß genug sind.

Fehler vermeiden. Ein Instrument

„Wer Fehler vermeiden will, macht sein System narrensicher." Neben dem Jidoka, also dem Fehlererkennen und dem konsequenten Prozess-Stopp, gehört auch die Fehlervermeidung zum Null-Fehler-Prinzip. Ein bekanntes Instrument zur Fehlervermeidung heißt Poka Yoke, was auf Japanisch nichts anderes bedeutet als narrensicher. Beispiele für den Einsatz von Poka Yoke lassen sich sowohl in den direkten als auch in den indirekten Bereichen finden. So lassen sich in der Konstruktion einfache Vorgaben etablieren, um Fehler zu vermeiden. In der Montage sind die so genannten Teilesets Bestandteile von Poka Yoke. Sie erleichtern einerseits das Greifen und tragen andererseits zur Fehlervermeidung bei, indem sie eine bestimmte Reihenfolge vorschreiben. Häufig stellt ein Mitarbeiter die Sets zusammen, ein anderer Mitarbeiter montiert die Teile – wodurch zudem das Vier-Augen-Prinzip gewahrt wird.

Ein System narrensicher machen

Das hier wiedergegebene Beispiel stammt aus der Anfangszeit der Informationstechnik, in der das Verschicken von E-Mails noch ein vergleichsweise komplizierter Akt war, der neben Konzentration auch gehörige Rechnerleistung benötigte.

Wir befinden uns in einer Bank, die technisch und organisatorisch auf dem neuesten Stand war. Man konnte tatsächlich Textnachrichten an einen beliebig großen Verteiler im Unternehmen verschicken – ob das im Sinne der Vermeidung von Überinformation klug war, sei dahingestellt.

In dieser Bank hatte ein Lehrling (heute: Azubi) seinen letzten Arbeitstag und wollte seiner Dankbarkeit für die gute Betreuung Ausdruck verleihen. Er verfasste also einen netten Text, loggte sich in das IT-System ein und verschickte die Nachricht. Da seine Dankbarkeit dem ganzen Unternehmen galt, klickte er auf das eigens vorgesehene Kästchen „an alle". Und legte damit das Rechenzentrum der Bank für mehrere Tage lahm. Der Firmenserver war dieser Datenflut nicht gewachsen und verschied.

Wofür dieses Beispiel steht? Nun, für das Gegenteil von Poka Yoke. Denn narrensicher war das IT-System nicht, wie der Lehrling mit der Aktivierung des überflüssigen Kästchens deutlich bewies. Das danach, in einem ersten Schritt in Richtung Narrensicherheit, aus dem System entfernt wurde.

P.S. Fehlervermeidung kann einfach sein.
P.P.S. Der Name des Lehrlings ist den Autoren dieses Buches bekannt.

Im obigen Beispiel musste der Fehler durch einen händischen Eingriff beseitigt werden, auch wenn sich dieser Eingriff auf einen Programmierbefehl wie „delete feature" bezog. Daneben gibt es jedoch Instrumente, die Fehlererkennung und -vermeidung automatisch unterstützen.

Ein Blick über die Systemgrenzen

Viele Unternehmen sind bereits gut darin, die Just-in-Time-Prinzipien innerhalb einzelner Prozessabschnitte anzuwenden. Man sieht vielerorts Fließlinien, Kanban-Systeme, Logistik im Takt und „verschwendungsarme“ Arbeitsplätze, an denen Material und Werkzeuge am „Best Point“ bereitgestellt werden. Auch bei TRUMPF haben wir über viele Jahre diese Prinzipien und Tools erfolgreich angewendet und entsprechend positive Wirkung erzeugt. Unsere Durchlaufzeiten sanken dramatisch, der Output auf gleicher Fläche und mit den gleichen Mitarbeitern stieg enorm. Man kann die Aussage treffen, dass das enorme Umsatzwachstum (in den 12 Jahren von 2003/04 bis 2015/16 hat sich der Umsatz mehr als verdoppelt) ohne die Erfolge von SYNCHRO nur schwer möglich gewesen wäre. Man hätte schlichtweg nicht schnell genug bauen und schnell genug rekrutieren können, um den Ausstoß bei gleicher Produktivität zu erbringen. Und vielleicht hätten die langen Durchlaufzeiten in den Endmontagen das eine oder andere Mal zu einer Lost Order geführt. Spätestens heute, wo der technologische Vorsprung bei den Werkzeugmaschinen nicht mehr so groß ist, dass der Kunde bereit ist, jede Lieferzeit zu akzeptieren, kämen wir mit den langen Lieferzeiten in arge Bedrängnis. Dies gilt umso mehr, da wir uns im Gegensatz zu vielen unserer Wettbewerber dem Grundsatz verschrieben haben, jede Maschine individuell auf Kundenwunsch zu produzieren und nicht von Fertigwarenbeständen aus zu liefern.

Mit dem Wachstum und der zunehmenden Diversifizierung hat auch die Komplexität bei TRUMPF zugenommen. Aus wenigen einzelnen Werken, die ursprünglich relativ abgegrenzt und unabhängig, mit überschaubaren Kunden-Lieferanten-Beziehungen, arbeiten konnten, ist im Laufe der Zeit ein komplexer Produktionsverbund entstanden. Ein Grund für uns, uns stärker mit der Wertstromorientierung des gesamten Verbundes zu beschäftigen.

Dabei gibt es verschiedene Herausforderungen:

- Durchlaufzeiten durch die gesamte Lieferkette zu optimieren
- Kapazitäten zu synchronisieren
- Verschwendung in den produktionsnahen Bereichen (v.a. Fertigungssteuerung und Auftragsabwicklung) zu reduzieren
- Medien- und Systembrüche zu vermeiden

In einigen Fällen fingen wir an, die Wertströme aufzuräumen, das heißt Baugruppen und Komponenten aus verschiedenen Werken zusammenzufahren und den Endmontagewerken näherzubringen. Damit kamen wir dem Fließen und Takten auch über die Systemgrenzen hinaus entgegen. Die Kapazitäten konnten leichter synchronisiert werden, die Bestände sanken, teilweise konnte man im Takt Vormontagen an die Endmontagelinien anbinden. Die Gesamtdurchlaufzeiten konnten somit reduziert werden. Wir entdeckten Systembrüche und jede Menge Doppelarbeit bei der Materialdisposition und Steuerung.

Vor all diesen Überlegungen gab es bei TRUMPF niemanden, der die gesamten Herstellkosten einer Maschine voll überblickt hätte und stets auf der Suche nach Optimierungspotenzialen gewesen wäre. Die eingeschränkte Sicht auf Werksgrenzen, Verrechnungssätze für interne Lieferanten, Stundensätze, aber auch liebgewonnene und unantastbare Monumente, führten nicht selten zu suboptimalen Strukturen und vernachlässigten Potenzialen.

Die Wertstromorientierung versetzte uns in die Lage, von der reinen Werksleiterperspektive wegzukommen und den Verantwortungsbereich auf den gesamten Wertstrom auszudehnen. Aus den Werksleitern wurden so genannte Wertstromverantwortliche.

Aber diese Reise hat für uns erst begonnen …

Kapitel 4:

Management-Exzellenz

Zur Verbesserung führen

„Wer ein System etablieren will, das Abweichungen provoziert, muss den konstruktiven Umgang mit diesen Abweichungen lernen. Nein, mehr als das: der richtige Umgang mit Transparenz muss allen Führungskräften und allen Mitarbeitern in Fleisch und Blut übergehen. Diese Einstellung gehört zur DNA von SYNCHRO und somit zur Kultur von TRUMPF.“

4.1 Was exzellente Führung auszeichnet

Führung als Missing Link und Bindeglied

In Theorie und Praxis existieren zahlreiche Modelle über Führung. Bekannt ist beispielsweise der Ansatz von Fredmund Malik (z.B. Malik 2011), der in seinen Modellen viele unterschiedliche Führungsaufgaben und Werkzeuge beschreibt. Dabei bezieht er sich unter anderem auf das Entwickeln einer Unternehmenspolitik, das Etablieren einer Governance, das Übersetzen in eine Strategie sowie auf die Schaffung von Strukturen und die Entwicklung einer Unternehmenskultur. Im Zentrum dieser Modelle stehen zumeist die Führungskräfte.

Andere Führungsmodelle, z.B. aus der Systemischen Beratung, trennen bewusst zwischen klassischen Managementaufgaben einerseits, dem Beraten andererseits und einem Coaching als dritter Komponente. Zu den Managementaufgaben gehört es, Ziele zu setzen, Aufgaben zu definieren, zu delegieren, zu kontrollieren usw. Beraten heißt, die Geführten mit eigener Expertise und Kompetenz zu stützen. Coaching schließlich bedeutet vereinfacht: Hilfe zur Selbsthilfe.

Der Philosoph und Management-Berater Werner Beiweis, der die SYNCHRO Consulting bei der Entwicklung ihres Beratungsansatzes maßgeblich unterstützt hat, unterteilt die Führungsaufgaben sehr umfassend in essentielle (normative), strukturelle (strategische) und operative Führungsaufgaben. Damit umschließt er die komplette Bandbreite von Führung. Das Modell beginnt bei der Schaffung von essentiellen Bestandteilen wie einer Vision, einem Daseinszweck (Mission), einer Kultur und einer Governance. Der strategische und strukturelle Teil führt über Strukturen der Ablauf- und Aufbauorganisation, die Strategie und institutionelle Fähigkeiten. Operative Führungsaufgaben beziehen sich beispielsweise auf das Lösen von Konflikten oder das viel zitierte Fordern und Förden.

Für Change- und Lean-Berater ist ein solches Verständnis von unschätzbarem Wert, obschon das Wertschöpfungssystem SYNCHRO nicht für sich beansprucht, in einem Unternehmen all diese Elemente zu entwickeln. Wie wir in den folgenden Kapiteln sehen werden, baut SYNCHRO auf diesen Elementen auf. Anders gesagt: SYNCHRO sieht die möglichst vollständige Erfüllung der skizzierten Führungsaufgaben als notwendige Voraussetzung, um ein Lean Management-System erfolgreich umzusetzen.

Das Fehlen der einen oder anderen Komponente macht sich durchaus bemerkbar. So mussten wir in vielen SYNCHRO-Workshops, etwa zur Erstellung eines Shopfloor Management-Systems, schmerzlich feststellen, dass das Fehlen eines klaren Mission Statements später zu unbrauchbaren und irrelevanten Kennzahlen an Shopfloor-Tafeln geführt hat. Wenn der Daseinszweck nicht formuliert ist, geht die Orientierung verloren. Grundsätzlich kann man feststellen, dass eine fehlende Governance, z.B. zwischen zentralen und dezentralen Einheiten, überhaupt erst dazu führt, dass der Daseinszweck gar nicht explizit formuliert werden kann. Auch dieser Fall tritt tatsächlich auf.

SYNCHRO sieht sich demnach in der Pflicht, das Vorhandensein, bzw. die Erfüllung der Führungsaufgaben auf allen Ebenen zu prüfen. Das Wertschöpfungssystem baut auf dem Führungssystem auf und nimmt durchaus für sich in Anspruch, zumindest methodisch dabei zu unterstützen, blinde Flecken zu beseitigen.

Das Führungsverständnis von SYNCHRO

Für das Führungsverständnis von SYNCHRO hat man sich bei TRUMPF auf leicht verständliche, operative und Shopfloor-nahe Begriffe geeinigt. Diese Begriffe unterteilen das Führungsverständnis in Management-Exzellenz und Verhaltens-Exzellenz und spiegeln so die Kernelemente des Lean Management-Gedankens wieder.

So haben wir erkannt, dass sich ein Wertschöpfungssystem nur dann kontinuierlich verbessern und stabilisieren lässt, wenn das System Transparenz erzeugt und Sachverhalte visualisiert. Ferner müssen die Führungskräfte ihre Zeit überwiegend vor Ort verbringen (Gemba) und die Verbesserungsarbeit muss sich an explizit formulierten Zielzuständen orientieren. Diese Elemente des Managements beschreiben die notwendige Bedingung für exzellente Führung. Das Verhalten der Mitarbeiter und Führungskräfte bildet dagegen die hinreichende Bedingung. Die Genannten benötigen, kurz gesagt, die richtige Einstellung für ein exzellentes Verhalten. Dieses äußert sich beispielsweise darin, Verschwendung, die nahezu immer und überall auftreten kann, zu erkennen und auch beseitigen zu wollen. Die Probleme müssen immer konsequent und bis hin zur Ursache eliminiert werden. Schließlich beinhaltet exzellentes Verhalten auch die Bereitschaft, sich selbst, die Mitarbeiter und Kollegen stetig weiterzuentwickeln.

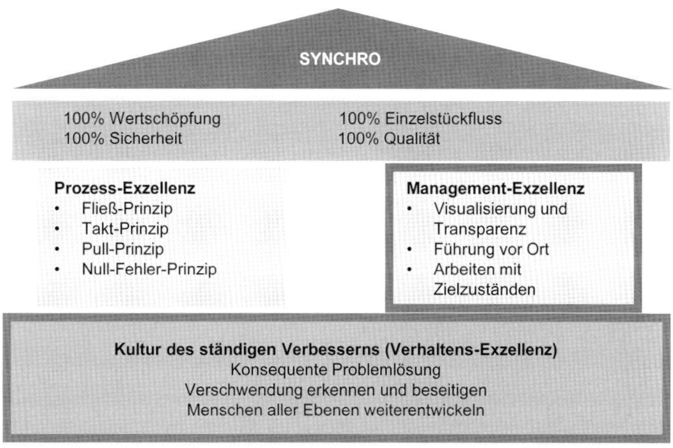

Bild 4-1: Management- und Verhaltens-Exzellenz im SYNCHRO-Haus

4.2 Transparenz und Visualisierung

Standard und Abweichung

Ein Schlüsselbegriff zieht sich wie ein roter Faden durch dieses Buch: Transparenz. Auch im Zusammenhang mit Industrie 4.0 wird häufig von Transparenz gesprochen. Dort versteht man darunter in der Regel zweierlei: Einmal zu wissen, „wo die Produktion steht“, was meist nichts anderes bedeutet als das Wissen, welche Teile sich wo befinden, und zum anderen Transparenz über Störungen und Performance zu haben. Ein Stichwort in diesem Zusammenhang ist „Big Data“ oder „Data Analytics“.

Bei SYNCHRO geht es hingegen darum, den Prozess im besten Falle so zu gestalten, dass er Transparenz von alleine erzeugt. Das bedeutet, dass eine Abweichung sofort und am besten mit bloßem Auge zu erkennen ist. Ansätze zu Industrie 4.0 lassen den Prozess häufig so wie er ist bzw. akzeptieren sogar seine Undurchsichtigkeit. Oftmals wird versucht, die Transparenz mithilfe teurer und aufwändiger IT-Lösungen herzustellen. Wir werden uns damit noch in späteren Kapiteln beschäftigen. Hier sei nur kurz angedeutet, dass wir bei TRUMPF erkannt haben, dass exzellente und schlanke Prozesse eine zwingende Voraussetzung für wirksame Lösungen im Umfeld von Industrie 4.0 sind. Allerdings sollte einschränkend festgestellt werden, dass es in einer Fabrik auch technologische Randbedingungen geben kann, die ein konsequentes „Pull“ oder einen kontinuierlichen Fluss unmöglich machen. Anlagen zur Blechbearbeitung arbeiten in der Regel nach dem „Batch-„ oder „Push-Prinzip“. Hinzu kommt die Mehrstufigkeit von Prozessen ebenso wie die Vielfältigkeit von unterschiedlichen möglichen Wegen durch eine Produktion, was die Systeme komplexer und undurchsichtiger werden lässt. Sind diese Merkmale einer Produktion vorhanden, bzw. lassen sich die SYNCHRO-Prinzipien der Prozess-Exzellenz nicht vollständig umsetzen, sind IT-Lösungen zur Verbesserung der Transparenz natürlich sinnvoll. Dennoch gilt für die Digitalisierung die alte Formel: p.P + n.T = e.p.P. Poor Processes + new Technology = expensive poor Processes (Schlechte Prozesse plus neue Technologie ergeben teure schlechte Prozesse).

Standards schaffen

Nähern wir uns den Grundvoraussetzungen, die nötig sind, um die Transparenz in einen Prozess einzubauen. Die erste Voraussetzung sind Standards.

In unserer täglichen Arbeit haben wir mit zahlreichen Standards zu tun, möglicherweise ohne diese als solche zu erkennen. Die Kennzeichnung und Beschriftung von Flächen in der Produktion ist ein sichtbarer Standard. Gleiches gilt für Arbeitsanweisungen, die an einzelnen Arbeitsplätzen zur Verfügung stehen und beispielsweise ausgedruckt werden können. Mit diesen Formen von Standardisierung beginnt man, Transparenz zu erzeugen. Wenn außerhalb einer markierten Fläche Kisten stehen, weiß man, dass sie dort nicht hingehören. Wenn eine Arbeitsanweisung nicht befolgt wird, läuft meist etwas schief.

„Ich erinnere mich gut an meine frühen Zeiten als Lean-Berater. Wir standen oft vor Prozessen, die so schlecht und unorganisiert waren, dass man sprichwörtlich den Wald vor lauter Bäumen nicht gesehen hat. So ging es auch den Prozesseignern und -beteiligten selbst. Die Situation war für sie allerdings normal und nicht bedenklich. Es lief ja so wie eh und je und gebrannt hat auch nichts. Ganz besonders in Erinnerung ist mir dabei ein Unternehmen, das sich auf die Verpackung von Medikamenten spezialisiert hat. Die Laufwege der Mitarbeiter gingen kreuz und quer durch die Produktionshalle. Werkzeugwagen und Material waren verteilt und die Mitarbeiter verbrachten einen Großteil ihrer Zeit mit Suchen und Laufen. Für einen erfahrenen Lean-Menschen eine denkbar einfache Aufgabe, rein prozessual. Das Schlimmste an der Sache war, dass die Mitarbeiter gar keine Notwendigkeit für Veränderung sahen. Hätten wir als Experten ein verbessertes Layout vorgeschlagen, wären wir auf Unverständnis gestoßen.

Der erste Schritt war die Schaffung eines einfachen Standards, schlichtweg, indem wir die schlechte Ist-Situation standardisieren ließen. Wir wiesen die Mitarbeiter an, die Stellflächen für das Material und die Werkzeugwagen genau da einzurichten, wo diese in dem Augenblick standen. Auf diese Übung ließen sich die Mitarbeiter ein und schon früh wurde ihnen klar, dass diese Positionen nicht gerade ideal waren, und schlugen schnell bessere Positionen vor.“

Florian Guber

Ähnlich verfahren wir, wenn wir bei TRUMPF noch nicht- oder wenig standardisierte Abläufe haben. Beispielsweise kann es sein, dass jeder Mitarbeiter einen eigenen „Standardablauf“ hat – oder sogar noch schlimmer: Jeder Mitarbeiter macht es jedes Mal anders. Bevor wir an das Verbessern des Ablaufes denken, standardisieren wir die aktuelle Situation. Durch das bewusste Niederschreiben des aktuellen Zustands („Schreib einfach mal auf, wie du es machst!“) schafft man nicht nur einen ersten Standard, sondern man erkennt sehr schnell, was daran noch nicht gut ist und es fallen einem Dinge auf, die man ggf. schon jahrelang „unstandardisiert“ getan hat.

Wir erkennen in Summe, dass der Standard drei wesentliche Zwecke erfüllt: Erstens stellt er sicher, dass wir einen Ablauf immer wieder gleich und damit reproduzierbar machen. Zweitens macht er uns in der bewussten Auseinandersetzung mit dem Ablauf deutlich, wie gut oder schlecht der Ablauf ist. Und drittens gibt er uns die Möglichkeit, einen Soll/Ist-Abgleich zu machen.

Exzellenz schafft Transparenz und Transparenz schafft Exzellenz

Im dritten Kapitel dieses Buches haben wir gesehen, dass die Prinzipien der Prozess-Exzellenz nicht nur dazu dienen, die Prozessleistung zu steigern. Alle benannten Prinzipien haben auch den Zweck, Transparenz zu erzeugen. Insbesondere, um Verschwendung kenntlich zu machen. Diese Transparenz hat ihren Ursprung weniger durch den Einsatz von Kennzahlen, sondern wird aus den Prozessen heraus sichtbar. Wiederholen wir noch einmal die Kernerkenntnisse aus der Prozess-Exzellenz:

Fließen: 1. *Störungen werden besser sichtbar.* Durch den Fluss werden einzelne Prozesse eng gekoppelt. Fehlende Bestände zwischen den Prozessen machen Störungen sicht- und spürbar. 2. *Fehler werden früher erkannt.* In vielen Prozessen kann oft erst erkannt werden, ob das Produkt oder die Leistung fehlerfrei erbracht wurde, wenn der Prozess vollständig abgeschlossen ist. Durch eine kurze Durchlaufzeit können mögliche Fehler früh erkannt und die Gefahr einer Weitergabe reduziert werden.

Takt: Der Takt ist eine feste Zuordnung von Arbeitsinhalt zu einer Arbeitsstation oder einem Mitarbeiter. Das „Takten" nach einer vorgegebenen Zeit in eine nächste Station oder die Übergabe zu einem nächsten Mitarbeiter macht sofort erkennbar, ob der vorgegebene Arbeitsinhalt in der vorgegebenen Zeit geschafft wurde. Die sehr einfach zu erhebende Kennzahl „Taktrisse" verdeutlicht die Güte des Prozesses.

Ein konsequentes Takten macht auch schlecht ausgeglichene Prozesse deutlich. Mitarbeiter mit weniger Arbeitsinhalt wird man unweigerlich wartend sehen (manchmal braucht es dafür auch ein geschultes Auge, da es Mitarbeiter oft gut verstehen, sich zu beschäftigen und nicht wartend auszusehen).

Pull: Es existiert ein Element, das jedes Pull-Prinzip beinhaltet. Alle Pull-Systeme sind dezentrale Steuerungssysteme. Das bedeutet, dass das Signal für eine Nachlieferung immer vom Kundenprozess ausgeht. Dadurch wird unter anderem sichergestellt, dass die Information immer da ist, wo sie sein muss. Nicht zwingend, aber praktisch fast immer gehen mit Pull-Systemen klare Visualisierungen einher. Das Kanban, ein klassisches Pull-System, arbeitet mit Karten (oder leeren Behältern), die den Bedarf bzw. den Verbrauch von Material signalisieren. Oft werden diese Karten in Boards gesteckt, um den Arbeitsvorrat zu visualisieren. Stellflächen für Behälter sind in der Regel gekennzeichnet und exakt auf die definierte Anzahl der Behälter abgestimmt, so dass sowohl zu wenige als auch zu viele Behälter sofort optisch erkennbar sind.

Null Fehler: Das Jidoka, das auch als „Built-in"-Quality erklärt werden kann, beinhaltet jedes der aufgeführten Instrumente und noch vieles mehr. Die Autonomation, also die intelligente Automatisierung, soll Fehler automatisch erkennen und den Prozess stoppen. Die Übertragung des Prinzips auf manuelle Prozesse finden sich in den Instrumenten der Reißleine und des Andons wieder.

Der Faktor Stetigkeit

Voraussetzung für Transparenz und somit für ein wirkungsvolles Shopfloor Management ist eine gewisse Schwankungsarmut oder Stetigkeit, bei der einzelne Abweichungen einfacher erkannt und schneller bekämpft werden können. Weiter oben haben wir drei im Lean Management wesentliche japanische Begriffe erläutert, Muda (Verschwendung), Mura (Unregelmäßigkeit) und Muri (Überlast). Mura ist das Gegenteil der Stetigkeit.

Wir haben uns bei TRUMPF entschieden, den positiven, lies: den anzustrebenden Zustand zu beschreiben – einen stetigen Prozess. Unstetigkeit kann im Grunde aus zwei Richtungen verursacht werden: extern und intern. Externe Unstetigkeit kommt vom Markt bzw. vom Kunden. Da wir diesen kaum oder nur sehr bedingt beeinflussen können, wird diese Unstetigkeit in der Regel durch eine Entkopplung des Prozesses vom Markt nivelliert. Die Nivellierung, die in der Regel durch Puffer (eine wesentliche Form von Muda) erzeugt wird, entkoppelt die Schwankung des Marktes von der Produktion und stellt eine gewisse Gleichmäßigkeit in den Prozessen sicher.

Es gibt, wie bereits erläutert, drei Möglichkeiten des Nivellierens durch Puffer. Erstens durch (Fertigwaren-) Bestände, zweitens durch Überkapazität oder drittens durch eine variable Lieferzeit. Für einen Serienproduzenten von Katalogware bietet sich die naheliegende Möglichkeit, durch Fertigwarenbestände zu puffern und zu nivellieren und damit gleichzeitig für kürzeste Lieferzeiten zu sorgen.

Für einen Maschinenbauer wie TRUMPF, der jede Maschine in hoher Varianz kundenindividuell baut, gelingt diese Form der Pufferung nur „stromaufwärts". Puffer können für Halbfertigwaren an sogenannten Variantenentstehungspunkten angelegt werden. Für die Endmontagen bedeutet das, dass nur über skalierbare Kapazität oder eine variable Lieferzeit nivelliert werden kann. Diese Erkenntnis verdeutlicht auch, wie wichtig es ist, schon in der Konstruktion darauf zu achten, die Variantenbestimmungspunkte möglichst weit stromabwärts zu legen, viel in Baukastenlogik zu denken, um die Varianz der Module und Baugruppen niedrig zu halten.

Die intern verursachte Unstetigkeit wird durch instabile Prozesse ausgelöst. Man muss also versuchen, die großen Störfaktoren, die „großen Brände", in den Griff zu bekommen, bevor man z.B. daran denken kann, eine Fließlinie aufzubauen. Um an den Stellen, wo man das auf Anhieb nicht schafft, eine gewisse Prozess-Stabilität zu erzeugen, ist auch hier die Entkopplung von Prozessen ein probates Mittel. Das mündet erneut in den Aufbau von Beständen.

Man akzeptiert also bewusst Muda (Verschwendung), um Mura (Unstetigkeit) zu vermeiden. In der Zusammenarbeit mit Hitoshi Takeda haben wir uns teilweise gewundert, wieso dieser an manchen Stellen Bestände verteufelt und an anderen Stellen angemahnt hat, dass hier zu wenig Bestand sei. Erst heute haben wir, das Gesamtbild betrachtend, wirklich verstanden, was er damit gemeint hat.

Abweichungen managen, aber richtig

Stetigkeit ist also eine Voraussetzung, um Elemente der Prozess-Exzellenz wie Fließen und Takten sinnvoll umsetzen zu können. Stetigkeit ist aber auch eine Voraussetzung, um, wie eingangs gesagt, ein wirkungsvolles Abweichungsmanagement zu betreiben. Sind die Ausschläge einzelner Störfälle so groß, dass sie alles andere überlagern, sieht man keines der zahlreichen kleinen Probleme. Die großen Störfälle sind ohnehin jedermann bekannt und müssen nicht noch extra auf einer Shopfloor-Tafel kenntlich gemacht werden. Darüber hinaus führt starke Unstetigkeit sowieso dazu, dass Standards über den Haufen geworfen werden und pragmatisch „drumherum“ gearbeitet wird. Motto: „Wir müssen die Maschine ja irgendwie fertig bekommen und raus zum Kunden schicken!“ Damit wird ein sinnvoller Soll/Ist-Abgleich stark erschwert.

Stetigkeit ist außerdem eine Voraussetzung für das Kontinuierliche Verbessern. Es dürfte Ihnen schwer fallen, ein Team für die Verbesserung in kleinen Schritten zu begeistern und einen kleinen Teilprozess von 45 Minuten auf 30 Minuten zu optimieren, wenn links und rechts die „Granaten einschlagen“. Es bringt auch wenig, auf einem sinkenden Schiff die Dielen zu schrubben...

Wir halten also fest: Stetigkeit muss erzeugt werden. Extern durch das Entkoppeln von Marktschwankungen (z.B. Nivellieren durch Bestände). Intern durch das Abstellen der großen Störfälle oder gleichfalls durch Entkoppeln von noch zu instabilen und somit stark schwankenden Prozessen (z.B. auch durch Puffer).

Stetigkeit ist die Voraussetzung für Prozess-Exzellenz – Fließen und Takten funktionieren erst bei einer gewissen Stetigkeit. Gleiches gilt für das Erzeugen von Transparenz: Bei großen Störfallen sieht man den Wald vor lauter Bäumen nicht mehr. Ein wirksames Shopfloor Management setzt ebenso Stetigkeit voraus wie ein Kontinuierlicher Verbesserungsprozess in kleinen inkrementellen Schritten.

Wenn Erkenntnis schmerzt

Wir mussten die Richtigkeit der beschriebenen Zusammenhänge schmerzhaft erkennen. Ort des Geschehens war eines unserer Produktionswerke, in dem wir eine Just-in-Time-Anlieferung der Laser in die Endmontage der Schneidmaschinen aufgebaut hatten. Die Lasermontage erwies sich allerdings als instabil. Was zur Folge hatte, dass kaum ein Laser pünktlich an den entsprechenden Takt angeliefert wurde. Die Mitarbeiter waren findig, änderten die Standards und bauten den Laser im zeitlichen Ablauf mal hier und mal da ein. Die Einhaltung eines echten Standards war unmöglich, die Fortschrittskontrolle mithilfe des Soll/Ist-Abgleichs nicht aussagekräftig und die Motivation für kleine Verbesserungen des Ablaufes nicht vorhanden. Man war mit Troubleshooting ausreichend ausgelastet. Die simple und pragmatische Konsequenz war: Wir stellten die Endmontage für 5 Tage ab, bauten einen Puffer von 5 Tagen auf und fingen an, beide Bereiche, die nun in Ruhe entkoppelt voneinander arbeiten konnten, getrennt voneinander zu optimieren.

Der Anspannungsgrad

Stetigkeit ist nicht gleich Erschlaffung. Deshalb ist es wichtig, für den richtigen Grad an Anspannung zu sorgen. Zu viel Leerlauf in den einzelnen Takten kaschiert die Probleme. Um kontinuierlich zu verbessern, müssen wir auch kleinere Abweichungen erkennen. Deshalb wird der Anspannungsgrad so weit erhöht, dass, wie gezeigt, Taktrisse provoziert werden. Dies gilt auch dann, wenn nur geringe Schwankungen im Prozess auftreten, auch eine gleichmäßige Austaktung kann einen zu geringen Anspannungsgrad aufweisen. Mit den genannten Folgen. Fehler können in der Taktzeit nachgearbeitet werden und bleiben unerkannt.

„Diese Erkenntnis wurde mir, auch nach damals schon mehr als 10 Jahren Lean Beratungserfahrung, erst richtig bewusst, als wir die Möglichkeit bekamen, das Toyota Motorenwerk in Deeside (Wales) zu besuchen. Einer unserer Mitarbeiter war für ein Secondment (ein zehnmonatiges Austauschprogramm) als Prozessingenieur im Industrial Engineering des Werkes beschäftigt. Ich durfte ihn als sein Chef für drei Tage dort begleiten und hatte die Möglichkeit, dem Management von Toyota über die Schulter zu schauen. In einem Gespräch mit Richard Kennworthy, dem damaligen General Manager des Werkes, kamen wir an den Punkt, dass alles, was Toyota macht, dazu dient, Transparenz über Abweichung zu erzeugen. Richard malte ein schematisches Austaktungsdiagramm auf und setzte mit großem Abstand eine Taktlinie quer oberhalb der Balken. Er schaute mich an und sagte, wenn nun innerhalb des Taktes ein Fehler auftrete, hätte der Mitarbeiter ausreichend Zeit, diesen Fehler wieder zu korrigieren und wir werden es nie mitbekommen. Er sagte mit großer Entschlossenheit, dass das System „Tension“ benötige, also unter Spannung gesetzt werden muss, damit der auftretende Fehler sichtbar gemacht werden könne.

Florian Guber

Die richtige Spannung finden – Voraussetzungen

Tension (Spannung) ist nicht dasselbe wie Pressure (Druck). Damit Tension nicht zu Pressure wird, sind vier Voraussetzungen zu erfüllen:

Die erste ist, die oben beschriebene Stetigkeit zu erzeugen. Ein stark schwankendes System steht automatisch unter Druck. Dieser Druck kommt jedoch von außen und ist kaum kontrollierbar. Ein solches System zusätzlich unter Spannung zu setzen, ist nicht nur wenig sinnvoll, es ist schlichtweg nicht möglich. Die starken Schwankungen würden zu ständigen Taktrissen führen – was wiederum dazu führt, dass man den bekannten Wald vor lauter Bäumen nicht mehr sieht. In Reviews zu SYNCHRO PLUS-Einführungen in unseren Bereichen stellen wir in Interviews zwei Fragen. Erstens: Haben Sie einen hohen Anspannungsgrad? Zweitens: Sind Sie in der Lage, diesen Anspannungsgrad selbst zu regulieren? Die erste Frage wird fast immer mit „ja“ beantwortet. Aber Anspannung herrscht nur vor, wenn diese Spannung kontrolliert werden kann. Wird die zweite Frage mit „nein“ beantwortet, herrscht keine Spannung, sondern Druck.

Die zweite Voraussetzung für die richtige Anspannung ist eine im Unternehmen verankerte Fehlerkultur. Herrscht der allgemeine Glaube vor, dass nur eine störungsfreie Linie eine gute Linie ist, dass nur ein Shopfloor-Board, auf dem alles „grün“ ist, ein gutes Shopfloor-Board ist – und dass Fehler und Abweichungen auf persönliches Versagen zurückzuführen sind, dann werden Sie mit diesem Ansatz scheitern.

Diese oder eine ähnliche Geisteshaltung erlebt man nicht gerade selten. Ein mittelständisches Unternehmen, mehrfacher Gewinner des Awards „Fabrik des Jahres", hatte regelmäßig bis zu drei Besuchergruppen pro Woche zu Benchmark-Besuchen im Haus. Dabei kam immer wieder vor, dass einzelne Besucher äußerten, dass ihre eigene Montagelinie besser sei als die hier gesehene. Sie würde „störungsfreier" laufen. Hier hätten sie ja in der halben Stunde Beobachtung drei Mal einen Kurzstillstand beobachtet, bei dem der Teamleiter hätte einspringen müssen. Auf die Frage, wie sie diese „Störungsfreiheit" erzeugten, kam entweder als Antwort, dass Bestände zwischen Arbeitsplätzen lägen (was auch öfter als Vorschlag genannt wurde) oder dass die Mitarbeiter mehr Pufferzeit zur Verfügung hätten.

Die dritte Voraussetzung dafür, dass Anspannung nicht zu Druck wird, ist die eben genannte Führung vor Ort, auf die wir in wenigen Seiten genauer eingehen werden. An dieser Stelle sei nur schon vorab gesagt: Erzeugen Sie ein System, das Abweichung provoziert und Fehler offenlegt und Sie stellen diesem System keine ausreichende Kapazität und Kompetenz zur Seite....wir glauben, den Rest können Sie sich denken.

Die vierte Voraussetzung schließlich ist Sicherheit. Was auch immer Sie tun, um Abweichung zu erzeugen, indem Sie ein System unter das richtige Maß an Spannung setzen: Der Kunde darf davon nichts mitbekommen! Wenn Sie mit dem Anspannungsgrad experimentieren, werden Sie auch über den Grenzbereich hinausgehen und Ihr Soll nicht erreichen. Und Sie müssen experimentieren! Immer wieder müssen Sie sich herantasten, um den richtigen Grad der Spannung zu finden: „Wieviel ist zu viel, wieviel ist zu wenig?" Wenn der Kunde davon nichts mitbekommen darf, muss an der richtigen Stelle doch noch irgendwo ein Sicherheitspuffer stehen. Aber sauber getrennt, weit weg und nur in den Fällen anzutasten, in denen er wirklich gebraucht wird. Diesen Zusammenhang hat Eli Goldratt in seinem Buch „Critical Chain" (Goldratt 2002, dt. Ausgabe) sehr gut beschrieben, in das wir nun einen kurzen Ausflug starten.

Projektmanagement – ein Ausflug in die indirekten Bereiche

In den vorhergehenden Abschnitten haben wir Transparenz, Stetigkeit und Anspannung mit Beispielen aus der Produktion erklärt. Doch lässt sich gerade das Thema Anspannung sehr gut auch vor dem Hintergrund des Projektmanagements erläutern.

Projektmanagement gilt dann als gut, wenn alle Budgets und Termine eingehalten werden. Das kann jedoch viele Gründe haben. Erstens könnten Budgets und Zeiten überdimensioniert geplant worden sein. Zweitens könnten im Programm die besten Leute, allesamt Top-Profis, zusammengekommen sein. Drittens könnten im Laufe des Projektes die Inhalte angepasst worden sein. Viertens könnte mit extremem Arbeitseinsatz bis hin zur Überlast gearbeitet worden sein. Fünftens könnte sich die Aufgabenstellung als ungeahnt leicht und risikolos entpuppt haben. Der sechste und vielleicht wichtigste Erfolgsfaktor heißt: Glück.

Aus Sicht der Chefetage zeichnet sich ein gutes Projekt vor allem dadurch aus, dass die Ampeln in jeder Phase, an allen Meilensteinen, grün zeigen. Um dies zu erreichen und der Chefetage schlaflose Nächte zu ersparen, werden Projekte häufig mithilfe der so genannten „linksschiefen Verteilung“ geplant.

Die linksschiefe Verteilung

Das Phänomen der linksschiefen Verteilung lässt sich am Beispiel der täglichen Fahrzeiten zum Arbeitsort deutlich machen. Stellen Sie sich vor, Sie würden Ihren Arbeitsweg zu Beginn der morgendlichen Stoßzeit, unter normalen Umständen, mit dem Auto in ungefähr 50 Minuten zurücklegen. Wenn Urlaubszeit herrscht, die Straße frei ist und Sie Gas geben können, schaffen Sie die Strecke in einer knappen halben Stunde. Ihr persönlicher Rekord liegt bei 22 Minuten. Bei hohem Verkehrsaufkommen benötigen Sie bisweilen auch 70 Minuten, um zur Arbeit zu kommen. Was nicht wirklich selten vorkommt.

Stellen Sie sich ferner vor, dass Sie einen Termin bei Ihrem Vorgesetzten haben, der für Ihre berufliche Zukunft sehr wichtig ist. Das Gespräch ist für 8 Uhr morgens angesetzt, mit Berufsverkehr ist also zu rechnen. Wann fahren Sie los, um unbedingt pünktlich zu sein?

Sie sind gut beraten, eine sichere Variante zu wählen – was die Erinnerung daran wachruft, dass Sie für die Strecke unter widrigen Umständen auch schon 90 Minuten gebraucht haben. Und solche Umstände können eigentlich immer eintreten. Tendenziell gehen Sie dazu über, auch noch einen „Worst-Case-Puffer“ von 20 Minuten einzubauen. Das Gespräch ist wirklich sehr wichtig für Sie! Man kann also von einer Maximalzeit von bis zu 110 Minuten ausgehen.

Wer sich wissenschaftlich mit dieser Problemstellung befassen will, könnte auf die Idee kommen, eine Häufigkeitskurve zu zeichnen, deren höchster Punkt bei etwa 35 Minuten Fahrzeit liegt. Dieser Fall tritt am häufigsten ein. Allerdings entsteht bei dieser Übung nicht, wie zu erwarten wäre, eine symmetrische Gauß-Kurve (Glockenkurve). Der Scheitelpunkt ist optisch nach links verschoben, weil die Kurve aufgrund der großen Sicherheitspuffer weit und flach nach rechts ausläuft (siehe Bild 4-2). Kernaussage der verschobenen Kurve ist, dass die Zeit überdimensioniert geplant ist. Inklusive Verschwendung.

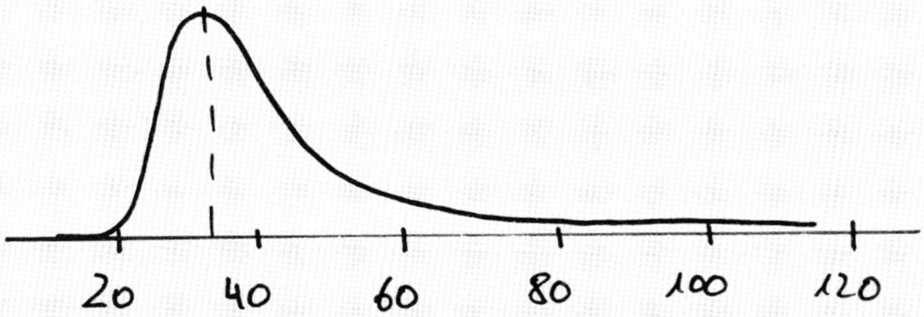

Bild 4-2: Wenn die Zeit überdimensioniert geplant wird

Kritische Ketten und mehr

Goldratt macht in seinem erwähnten Buch deutlich, dass der Mensch systematisch dazu neigt, Projekte zeitlich und monetär überzudimensionieren und damit linksschiefe Verteilungen zu generieren.

Ein zweites Phänomen kommt erschwerend hinzu: das Parkinson-Prinzip. Dieses besagt, dass Arbeit dazu tendiert, die Zeit zu brauchen, die zur Verfügung steht. Was im Rückschluss auf das Projektmanagement bedeutet, dass Projekte nicht früher fertig werden, sondern die Zeit auch dann verbrauchen, wenn diese eigentlich überflüssig wäre.

Als ob dies nicht genug wäre, tritt noch ein drittes Prinzip in Kraft, das als Studenten-Syndrom bekannt ist. Wenn Studenten vernünftig wären, würden sie mit dem ersten Tag des Semesters beginnen, sich den Stoff anzueignen, den sie für die Prüfung am Semesterende benötigen. Das tun sie aber nicht. Vielmehr beginnen Studenten in aller Regel mit den Prüfungsvorbereitungen, wenn es fast schon zu spät ist. Das zum Prüfungszeitpunkt meist vorherrschende Gefühl lässt sich mit „zwei Tage mehr Zeit und alles wäre perfekt“ beschreiben. Nur: man hatte diese Tage, hat sie aber nicht genutzt. Die Folge ist operative Hektik, verbunden mit einem schlechten Gewissen, weil man mangels Vernunft nicht alles für den Erfolg getan hat. Die gefühlte Anspannung war anfangs zu gering.

Die Erkenntnisse aus linksschiefer Verteilung, Parkinson-Prinzip und Studenten-Syndrom lassen sich konstruktiv für ein gutes Projektmanagement nutzen. Überplanung von Terminen und Budgets ist aus dieser Sicht ebenso schädlich wie der Verbrauch zeitlicher Puffer in einer frühen Projektphase oder operative Hektik (Überlast) vor Projektabschluss.

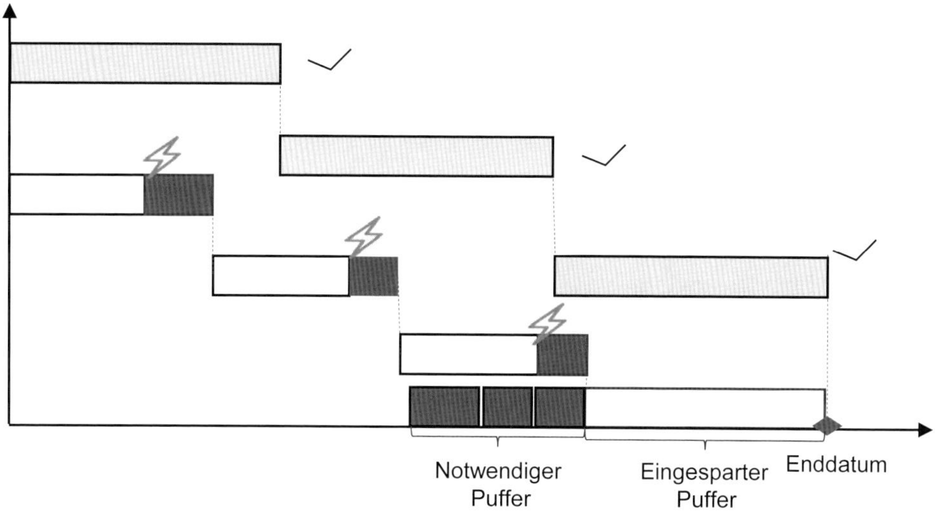

Bild 4-3: Wie gutes Projektmanagement entsteht

Erfahrene Projektmanager berichten, dass sich Zeitverbräuche und Budgets in Projekten auf diese Weise in etwa halbieren lassen. Goldratt spricht gar davon, dass Projekte in der Regel um 200 bis 400 Prozent überplant werden. In der Praxis geht man häufig so vor, dass die geplanten Zeiträume für die jeweiligen Teilprojekte schlicht halbiert werden. Mit der Folge, dass Termine nicht eingehalten werden – die Kette reißt, wodurch eine Abweichung sichtbar wird. Damit dies dennoch nicht zu häufig geschieht und überflüssige Eskalationen (Schwankungen) vermieden werden, baut man am Ende jedes Teilprojektes einen kleinen Puffer ein. Diese Einzelpuffer summieren sich zu einem Gesamtpuffer, der jedoch so bemessen ist, dass am Ende ein Zeitgewinn steht.

Anders ausgedrückt: Ein wirklich gutes Projektmanagement reduziert Timelines und Budgets, provoziert Abweichung, sorgt für den richtigen Anspannungsgrad und setzt die Puffer ans Ende des Projektes. Die Puffer sind insgesamt kleiner, transparent und damit steuerbar.

Eine fundamentale Voraussetzung für das Funktionieren eines solchen Projektmanagements ist die richtige Führung. Wobei „richtig" in diesem Zusammenhang heißt, nicht nur über Termine zu führen und bei nicht eingehaltenen Terminen sofort zu eskalieren. Im Gegenteil: Abweichungen werden als wünschenswert akzeptiert, man will sie sehen, um die (wiederum) richtigen Schlüsse daraus ziehen und im Sinne einer Verbesserung eingreifen zu können. Die Überlegung, die dahinter steckt, ähnelt derjenigen in der Produktion. Zu große bzw. falsch verteilte Puffer überdecken Fehler, erst der richtige Anspannungsgrad macht diese sichtbar und schafft damit Anlässe zur Optimierung.

Puffer sind legitim – an der richtigen Stelle

Das vollständige Beseitigen von Puffern kann zu starker Anspannung und damit zu vermeidbaren Schwankungen und in letzter Konsequenz zu Verschwendung führen. Toyota trägt dem, wie gezeigt, Rechnung und lässt entlang der Montagelinien geringe Puffer zu. Diese sind so dimensioniert, dass Arbeitsinhalte für wenige Minuten, zwischen Teilefertigung und Montage bis zu einer Stunde, im Vorrat liegen. Mathematisch gesehen führen zu lange Fließketten durch Multiplikation der Störungen irgendwann zu einem zu starken Verlust. Deswegen werden diese Ketten an geeigneten Stellen immer wieder durch kleine FIFO-Puffer entkoppelt.

Darüber hinaus verfügen manche Toyota-Werke nach unserer Beobachtung noch über eine Notreserve, die nur für echte Zwangslagen reserviert ist. Damit die Endmontage nicht aus einer Not heraus zum Stillstand kommt, liegt im Keller tatsächlich ein separater Puffer. Dieser umfasst im Falle von Motoren beispielsweise zwei Stunden. Es ist kein Zufall, dass diese Reserve tatsächlich im Keller weggeschlossen ist. Nur die oberste Führungsebene verfügt über einen Schlüssel und es kann nicht „mal eben so" an die Reserve gegangen werden, um eine kleinere Störung zu reparieren.

Der Umgang mit dieser Notreserve ist eine Art heiliger Kuh, die wirklich nur im äußersten Notfall geschlachtet wird. In den britischen Toyota-Werken wird, wie wir erfahren haben, darauf geachtet, dass nicht öfter als einmal im Jahr an diese Reserve gegangen wird. Allerdings auch nicht seltener, da auf diese Weise die bevorrateten Teile erneuert werden. Dies entkräftet auch das häufig vorgebrachte Gegenargument: „Wenn ich weiß, dass der Puffer da ist, nimmt man die Anspannung nicht ernst". Es ist eine kulturelle Frage, eine Frage von Verantwortung und Disziplin der Führungskräfte.

Einen weiteren Puffer, nicht durch Bestand, sondern durch Zeit, ermöglicht Toyota durch die so genannte Schicht-Entkopplung. Zwischen der ersten und der zweiten Schicht besteht ein Zeitpuffer von 3,5 (!) Stunden. Die provozierten Taktrisse durch entsprechenden Anspannungsgrad führen dazu, dass die Sollmenge nur sehr selten in der vorgegebenen Zeit erreicht wird. Da die Sollausbringungsmenge pro Schicht eine konstante und nicht verhandelbare Größe ist, bedeutet das, dass fast immer mit Überzeit gearbeitet wird. Diese Überzeit wird den Werkern bezahlt oder anderweitig ausgeglichen. Da wir bei TRUMPF in den Montagen nur einschichtig arbeiten, nutzen wir ganz einfach die Möglichkeit, täglich in Überzeit zu gehen. Da diese immer wieder auch ausgeglichen werden muss, bietet sich an, z.B. den zeitlichen Puffer ans Ende der Woche zu legen, also den Freitag nur mit einem halben Tag zu planen. Dort besteht die Möglichkeit, etwa angefallene Überzeit wieder auszugleichen oder im schlimmsten Fall noch einen halben Tag Reserve zu haben, sollte die Überzeit unter der Woche nicht ausreichen. Wenn es jedoch besser läuft als erwartet, kann diese Zeit für den Kontinuierlichen Verbesserungsprozess verwendet werden.

Hier kommt eine wesentliche kulturelle Komponente ins Spiel: Wir haben einen ähnlichen Vorschlag in einem unserer US-amerikanischen Werke gemacht. Darauf war die einhellige Meinung der Führungskräfte: „Dann haben unsere Werker ja eine Motivation, Fehler zu machen. Sie können Überstunden horten". In den USA gibt es keine vergleichbar flexiblen Arbeitszeitsysteme, wie wir sie in Deutschland haben. Überstunden müssen ausbezahlt werden und viele der amerikanischen Arbeiter kalkulieren damit, um ihre Rechnungen bezahlen zu können.

Auch aus psychologischer Sicht kann es wichtig und richtig sein, sich einen Puffer zu setzen, diesen aber ans Ende des Prozesses zu schieben. Wer eine wichtige Präsentation halten will, sollte sich das Ziel setzen, drei Tage vor dem Termin fertig zu sein. Und dieses Ziel auch zu halten. Das sorgt von Beginn an für die notwendige Anspannung, der Puffer wird nicht leichtfertig konsumiert und bleibt tatsächlich für Notfälle erhalten. Man schläft auch besser.

In diesem Zusammenhang wird erneut deutlich, warum Abweichungen und damit auch der aktuelle Status so früh wie möglich erkannt werden müssen. Ist erst am Abend vor dem gesetzten Endtermin überhaupt klar, wo man eigentlich steht, ist auch der 3-Tages-Puffer zu klein. Man muss zu Beginn möglichst in kleinen Etappen und mit Zwischenzielen arbeiten, die Arbeitspakete zerlegen und Soll/Ist-Checks einplanen. Dann wird früh deutlich, ob der 3-Tages-Puffer bereits verbraucht ist, ob externe Kapazität anzufordern ist oder zum Chef eskaliert werden muss. Der Worst Case für einen Projektleiter ist, wenn er von seinem Team am Abend vor der Abschlusspräsentation über den Verzug informiert wird. Zu spät, um reagieren zu können. Was bleibt, ist Schadensbegrenzung.

In der Produktion bei TRUMPF, wo mit vergleichsweise langen Taktzeiten (ein Tag, eine Woche, ...) gearbeitet wird, ist es wichtig, das Prinzip „Takt im Takt" zu verwirklichen. Das bedeutet, den durch den Kunden vorgegebenen Takt (und damit auch den Takt, in dem wir die Maschine physisch auf die nächste Station bewegen) in kleinere „virtuelle" Takte herunterzubrechen und Teilrückmeldungen zu ermöglichen. Wir gehen dabei teilweise bis auf Abschnitte im einstelligen Minutenbereich herunter. Das Ganze hat zwei wesentliche Effekte: Erstens erkennen wir frühzeitig, ob wir den Takt reißen werden. Dann sind wir noch in der Lage, zu reagieren – beispielsweise mithilfe von Springern und/oder technischer Unterstützung. Zweitens wissen wir bei einer Dauer von vielen Stunden genau, wo die Verzögerung aufgetreten ist. Eine unschätzbare Erleichterung bei der Fehlersuche und für die Fokussierung der Verbesserungsaktivitäten.

Ein Signalsystem installieren

Sowohl in indirekten als auch in direkten Prozessen ist man bemüht, Transparenz zu erzeugen. Wenn im Prozess Probleme auftreten, kann man diese relativ schnell erkennen – sofern sie zusätzlich angezeigt oder visualisiert sind. Diesem Zweck dienen in der Praxis verschiedene Hilfsmittel. Gebräuchlich sind beispielsweise Ampeln oder Anzeigetafeln, in der Produktion nach japanischem Vorbild als Andon bezeichnet. Mit den heute zur Verfügung stehenden Mitteln können diese Anzeigetafeln in Echtzeit funktionieren. Für jedermann in der Fabrik ist sichtbar, ob sich die Produktion, was die wichtigsten Kenngrößen anbelangt, im zulässigen Korridor bewegt. Wohlgemerkt, hier ist von Fortschrittszahlen die Rede und nicht in erster Linie von klassischen Kennzahlen.

Die Herausforderung: Transparenz über Arbeitsfortschritt oder Rückstände

In der Maschinenmontage bei TRUMPF wird beispielsweise die für einen Takt noch verbleibende Zeit angezeigt. Diese Anzeige dient den Monteuren als Orientierung, gibt aber keinen objektiven Aufschluss über Arbeitsfortschritt oder ggf. Rückstände. Ein Soll/Ist-Vergleich findet nicht eigentlich statt.

Natürlich tragen auch bestimmte Kennzahlen zu Transparenz und Visualisierung von Prozessen bei. Das ist der Grund, weshalb insbesondere im Shopfloor Management mit Kennzahlen gearbeitet wird. Aber: Der Wesenskern der Transparenz liegt nach unserem Verständnis nicht in der Verfügbarkeit solcher Daten, sondern in dem, was wir in den vorhergehenden Abschnitten besprochen haben: in den Prozessen selbst. Zumal die Diskussion von Kennzahlen an der Shopfloor-Tafel meist mit Daten aus der Vergangenheit operiert – was sich im Zeitalter von Industrie 4.0 allerdings ändern könnte. Ein System, das in Echtzeit funktioniert und das beispielsweise anzeigt, dass die Taktzeit noch 20 Minuten beträgt, tatsächlich aber noch 30 Minuten benötigt werden, könnte den rechtzeitigen Einsatz eines Springers veranlassen, der für die Rückkehr in den geordneten Takt sorgt. Die Transparenz läge dann unterhalb der Schwelle des Taktrisses – ein Fortschritt.

Ist Transparenz gleich Kontrolle?

Kennzahlen, Anzeigen, Transparenz – intuitiv entsteht häufig ein Bild von Kontrolle. Zumindest bei der Mehrzahl der Mitarbeiter an deutschen Standorten. Das sagt mehr über das Mindset, das noch immer vorzuherrschen scheint, als über das Wesen der Transparenz. Egal wie, wir stoßen hier auf ein Thema, das Gegenstand der Führungs- und Arbeitskultur in einem Unternehmen ist. Dass hier vor vielen Betrieben noch eine Menge Arbeit liegt, zeigt uns die tägliche Erfahrung. Nicht umsonst nehmen Management- und Verhaltens-Exzellenz im SYNCHRO-Haus breiten Raum ein...

Wer ein System etablieren will, das Abweichungen provoziert, muss den konstruktiven Umgang mit diesen Abweichungen lernen. Nein, mehr als das: der richtige Umgang mit Transparenz muss allen Führungskräften und allen Mitarbeitern in Fleisch und Blut übergehen. Diese Einstellung gehört zur DNA von SYNCHRO und somit zur Kultur von TRUMPF.

Prozessbeobachtung, Prozessbestätigung, das grundsätzliche Verständnis von und der Umgang mit Transparenz: Als Führungskraft kann man nur lernen, indem man sich und seine Einstellung verändert. Und das kann man nur an einer Stelle im Unternehmen tun: Vor Ort.

4.3 Führung vor Ort

Führen heißt unterstützen

Wenn wir von dem Idealfall ausgehen, dass alle Prozesse in der erforderlichen Weise transparent und visualisiert sind, fehlt noch eine ganz entscheidende Größe: Ein Mensch, der sich darum kümmert, dass etwas mit den Informationen geschieht. Dieser Mensch befindet sich unmittelbar am Ort des Geschehens. Und heißt Führungskraft.

Auch das mittlerweile bekannte Schlagwort vom Ort des Geschehens wird erst aus dem entwickelten Zusammenhang verständlich. In einem Prozess tritt eine Abweichung auf, ein entsprechendes Signal wird angezeigt, also muss jemand direkt verfügbar sein, der qualifiziert und in der Lage ist, diese Information weiter zu verarbeiten. Das ist, ganz grob gesprochen, der Zusammenhang.

Präsenz vor Ort ist mehr als „Go and See“

Das Verständnis einer Präsenz vor Ort ist mehr als das im Shopfloor Management propagierte Prinzip des „Go and See“. Go and See wird oft so ausgelegt, dass bei der täglichen Shopfloor-Stehung ein Problem angesprochen wird, der Teamleiter an den entsprechenden Platz geht, um die Sache aus der Nähe zu betrachten und für Abhilfe zu sorgen. Um danach wieder in seinem Büro zu verschwinden. So meinen wir das aber nicht. Vielmehr plädieren wir dafür, dass die Führungskraft fast ständig in direktem Sichtkontakt mit ihren Mitarbeitern, Prozessen und Signalsystemen ist, um im Bedarfsfall *sofort* unterstützend einzugreifen. Dieses Prinzip muss auch weiter oben in der Hierarchie gelebt werden. Die Abteilungsleiter müssen vor Ort präsent und auf Abruf verfügbar sein, wenn der Teamleiter an seine Grenzen stößt und eskalieren muss. Wir möchten an dieser Stelle nochmals auf den Zusammenhang mit der Fehlerkultur verweisen. Die Führung vor Ort ist keine Kontrolle, und die Transparenz darf nicht zur Diskreditierung der Mitarbeiter führen. Erleben Sie es bei sich anders, dann sollten Sie eventuell zunächst daran arbeiten, bevor Sie sich Lean Management-Methoden und -Techniken intensiver widmen.

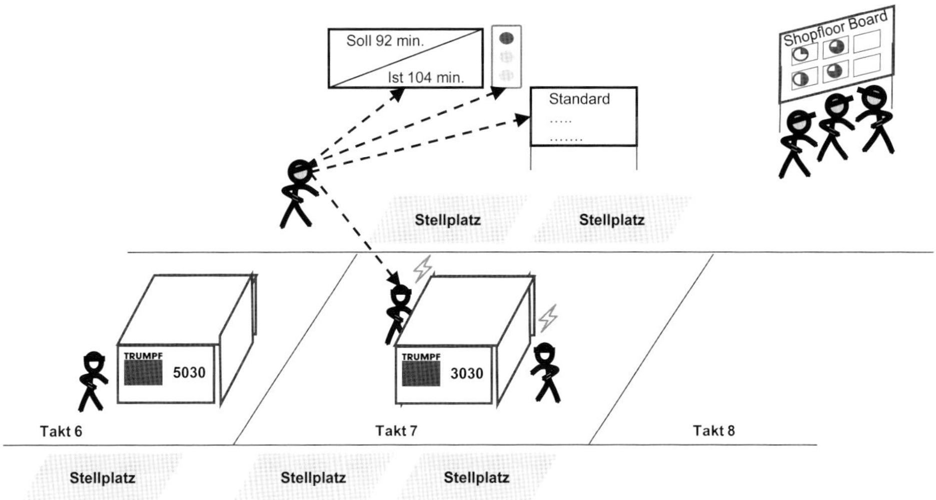

Bild 4-4: Führung vor Ort durch Sichtkontakt

Bücher über Führung haben meist die Eigenschaft, dass sie von einer idealen Welt ausgehen, in der diese Führung stattfindet. Die Mitarbeiter verhalten sich in dieser Welt, wenn nicht regelkonform, so doch berechenbar. Gleiches gilt für die im Betrieb herrschenden Zustände. Diese werden mehr oder weniger stark idealisiert und als grundsätzlich planbar beschrieben. Das erleichtert die Herleitung von Prinzipien, geht aber häufig an der Wirklichkeit vorbei. Wie diese Wirklichkeit tatsächlich aussehen kann, zeigt der folgende Exkurs.

Ein Ausflug in die Welt der Warteschlangen

Stetige Prozesse, Glättung, gleichmäßiges Arbeiten in Fluss und Takt – eine schöne Welt, in der sich das Führen und das Arbeiten lohnt. Gestört wird dieses Idyll, weil sich die Kunden partout nicht daran halten wollen. Vielmehr erteilen sie Aufträge und vergeben Aufgaben nach eigenem Gutdünken. Wissenschaftlich spricht man beispielsweise im Zusammenhang mit Reparaturaufträgen, Maschinenausfällen oder dem Kundenverhalten am „Point of Sale" von einer stochastischen Poisson-Verteilung. Vereinfacht gesagt treten diese Ereignisse sehr unregelmäßig ein, sie unterliegen starken Schwankungen. Und Schwankungen sind, das haben wir gelernt, zu vermeiden.

Einen Lösungsansatz für dieses Dilemma bietet die mathematische Warteschlangen-Theorie. Diese besagt, dass die Warteschlange der Aufgaben und Kunden bei einer stochastischen Poisson-Verteilung immer länger wird, je höher an der betreffenden Stelle die Auslastung ist. Die zugehörige Formel lautet: Die erwartete Anzahl der wartenden Aufträge entspricht dem Verhältnis der Auslastung (in Prozent) zur Kennzahl 1-Auslastung. Also

Anzahl der wartenden Aufträge = Auslastung / (1-Auslastung)
(in Anlehnung an Dueck 2015)

Nehmen wir einmal für eine betriebliche Führungskraft, z.B. einen Gruppenleiter, an, dass er geplant zu 90 Prozent ausgelastet ist. Dann ergibt sich folgendes Bild:

$$0{,}9 / (1 - 0{,}9) = 9$$

Auf die betreffende Führungskraft würden also rechnerisch immer 9 Aufgaben warten, die noch zu erledigen wären. Selbst wenn eine Führungskraft also viel Zeit vor Ort verbringt, aber durch Mischung aus geplanten Tätigkeiten (Meetings, Workshops etc.) und ungeplanten, reaktiven Tätigkeiten zu 90% ausgelastet ist, so wird sie mit diesem Ansatz aller Wahrscheinlichkeit nach scheitern. Mehr noch: bei einer Auslastung von über 90 Prozent wird die Warteschlange der Aufgaben zu einer wahren Anaconda. Fragen stellen sich auch im Zusammenhang mit den Führungsspannen im Betrieb. Bei 35 direkten Mitarbeitern, die zu führen sind, dürfte es sehr schwer fallen, die Auslastung auf einem homöopathischen Niveau zu halten.

Wie sieht der Schlüssel zum Erfolg aus? Neben kleinen Führungsspannen (bei Toyota hat ein Teamleiter zwischen 4 und 8 Mitarbeitern) ist es die Konzentration auf die „Bereitschaft", wenn Fehler auftreten. Da sich Fehler nicht planen lassen und sich auch nur selten mit ausreichend Vorlauf ankündigen, muss die primäre Konzentration auf der Verfügbarkeit des Teamleiters liegen. Etwaige Lücken, die entstehen, kann der Teamleiter mit anderen Aufgaben füllen, z.B. administrativen Tätigkeiten oder auch Fokusthemen zur Verbesserung. Dies sind Aufgaben, die jederzeit unterbrochen werden können müssen, wenn der Teamleiter an die Linie gerufen wird.

Für die Prozess-Exzellenz hat das Warteschlangen-Modell die Konsequenz, dass alles Planbare (beispielsweise Aufträge) zwingend geglättet werden muss, bevor es in die Produktion gelangt. Hier reicht uns eine stochastische Verteilung von auftretenden Fehlern. Eine stochastische Auftragsverteilung würde jede Bemühung um Anspannungsgrad, Stetigkeit und Transparenz ad absurdum führen. Das Chaos wäre vorprogrammiert. Deshalb werden Kundenaufträge nivelliert, d.h. in letzter Konsequenz gepuffert, bevor sie ins Unternehmen hereinschlagen.

Grundprinzipien der Führung vor Ort

3C

Dieses etwas kryptisch anmutende Element der Führung vor Ort stammt ursprünglich ebenfalls von Toyota. 3C steht für Concern, Containment, Counter Measure. Gemeint ist: „Ein auftretendes Problem wird als relevant erkannt (concern), zunächst eingedämmt (containment) und durch geeignete Gegenmaßnahmen abgestellt (counter measure)." Wichtig ist die Abstufung zwischen Eindämmung und endgültiger Abstellmaßnahme. Ist ein Problem nämlich kundenrelevant oder betrifft es Themen der Produktsicherheit, kann eine Sofortmaßnahme wichtig werden, um möglichen Schaden zu verhüten. Davon unterschieden ist das nachhaltige Abstellen, das üblicherweise im Nachgang erfolgt. Bei TRUMPF wird auf dieses Element großen Wert gelegt – im Rahmen der täglichen Shopfloor-Meetings wird intensiv daran gearbeitet.

Andon

Um das Element „Concern" überhaupt anzuregen, muss eine Störung zunächst angezeigt werden. Diesem Zweck dienen die bereits angesprochenen Andons. Andon heißt auf Japanisch nichts anderes als Laterne. Diese Lampen gehen in der Produktion beispielsweise an, wenn jemand an der Reißleine zieht. Damit wird dem Teamleiter signalisiert, dass eine Störung vorliegt, um die er sich kümmern muss. Er tut dies im Sinne von 3C, wenn die Störung tatsächlich relevant ist.

Das Andon ist die Voraussetzung dafür, dass der Anspannungsgrad nicht zu Druck wird. Wenn Abweichungen provoziert werden, muss es ein System geben, das schnell und unmittelbar die notwendige Sorge und Unterstützung sicherstellt. Voraussetzung wiederum für das Funktionieren der Andons ist eine im Unternehmen vorhandene Fehlerkultur. Teilweise soll es Fälle geben, dass in einem Werk Reißleinen installiert wurden, der Werksleiter aber ausdrücklich davor warnt, diese auch zu benutzen („Wehe, da zieht einer dran!"). Was Zweifel am Vorhandensein einer richtigen Fehlerkultur aufkommen lässt.

Prozessbestätigung

Während die beiden zuvor beschriebenen Elemente eher reaktiven Charakter haben – es muss etwas passiert sein, damit sie in Kraft treten –, wird die Prozessbestätigung proaktiv eingesetzt. Führungskräfte sind eigentlich immer gehalten, die Prozesse zu beobachten und Soll/Ist-Abgleiche durchzuführen. Sind die vereinbarten Standards eingehalten, führt dies zur Bestätigung, dass der Prozess in Ordnung ist. Hier kommt es auch darauf an, dass der richtige Ton getroffen wird und nicht der Eindruck ständiger Kontrolle entsteht. Dies lässt sich dadurch vermeiden, dass die Mitarbeiter aktiv in die Reflexion und die Besprechung der Ergebnisse einer Prozessbeobachtung eingebunden werden. Hier können Unklarheiten besprochen und ggf. auch Lösungsvorschläge der Mitarbeiter eingebracht werden.

Der proaktive Charakter der Prozessbestätigung hat letztlich zwei Effekte: Führung findet erstens auch dann statt, wenn keine Fehler auftreten. Diese haben ja teilweise stochastischen Charakter, Führung sollte jedoch kontinuierlich erfolgen. Zweitens liefern die systematischen Prozessbestätigungen wertvollen Input für den Kontinuierlichen Verbesserungsprozess und zeigen Ansätze, wie der aktuelle Standard, auch wenn keine Abweichungen auftreten, auf ein neues Leistungsniveau gehoben werden kann.

Als Voraussetzung für eine sinnvolle Prozessbestätigung sehen wir in erster Linie einen vernünftigen, ausreichend detaillierten und nachvollziehbaren Standard. Dazu gehört auch eine standardisierte Vorgehensweise, wie eine Prozessbestätigung stattfinden soll und wie die Ergebnisse der Prozessbestätigung zu dokumentieren und zu visualisieren sind.

Shopfloor-Stehungen

Für die täglichen Meetings an der Shopfloor-Tafel hat sich der Begriff der Stehung eingebürgert, der den Charakter dieser Treffen gut zum Ausdruck bringt. Man steht kurz zusammen und geht die wesentlichen Punkte der Reihe nach durch. Im Rahmen dieser Stehungen werden die Kapazitäten gesteuert, Abweichungen der wichtigsten Prozess- und Ergebniskennzahlen besprochen und priorisiert sowie Gegenmaßnahmen definiert.

Um hier auch nachzuhalten, wird eine Liste offener Maßnahmen geführt, die besprochen, bearbeitet und „abgehakt" werden.

Wichtig für die Stehung ist die richtige Zusammensetzung der Teilnehmer. Zu Beginn unserer Shopfloor Management-Aktivitäten haben wir auf unterster Ebene die Montagemitarbeiter und Teamleiter „zusammenstehen" lassen. Auf den darüber liegenden Ebenen die Gruppenleiter zusammen mit dem gemeinsamen Abteilungsleiter. Und wiederum darüber alle Abteilungsleiter zusammen mit dem Werksleiter. Das kann unter Umständen Sinn machen, muss es aber nicht.

Fangen wir unten an, beim Team. Hier hat sich das oft so dargestellt, dass der Teamleiter den Mitarbeitern die (meistens vergangenheitsorientierten) Kennzahlen des Vortages vorgelesen, sie über Besonderheiten des laufenden Tages informiert und nach Problemen des Vortages gefragt hat. Wir konnten beobachten, dass die Resonanz und Aufmerksamkeit sehr gering waren. Uns wurden mehrere Punkte klar. Erstens: Mitarbeiter täglich zu informieren, ist gut und wichtig, jedoch nur mit Informationen, die sie für das tägliche Arbeiten benötigen. Zweitens: Die Hoffnung, dass man durch bloßes Erfragen an die wesentlichen Probleme des Vortages herankommen könnte, hat sich als wenig erfolgreich herausgestellt. Vielmehr wurde uns klar, dass wir „just-in-time" bei den Problemen sein müssen (siehe 3C und Andon). Drittens: Wir brauchen in den Shopfloor-Stehungen diejenigen, die sich der Probleme annehmen oder zumindest etwas zur Lösungsfindung beitragen können. Das heißt, dass es neben der Mitarbeiterinformation auch eine Runde geben muss, in der ein Teamleiter mit Experten (Prozessingenieuren, SYNCHRO-Spezialisten, Qualitätssicherung) die wichtigsten Probleme des Vortages (die durch das 3C bekannt und erfasst wurden) diskutiert. Danach werden die Aufgaben zur nachhaltigen Lösung der Probleme verteilt, um abschließend den Fortschritt und die Abarbeitung der offenen Punkte durchzugehen.

Gehen wir eine Ebene höher, so haben wir bei TRUMPF einen weiteren Fehler gemacht, aus dem wir lernen mussten. Wir haben nach oben hin durch die Kaskade die Stehungen gemäß des Organigramms aggregiert. Wie gesagt, das kann Sinn machen. Aber nur, wenn die Gruppen und Abteilungen Teil eines Wertstroms sind. Leider war uns das zu Beginn nicht bewusst. Die Tatsache, dass manche TRUMPF-Werke, so wie es bei vielen Unternehmen der Fall sein kann, eher heterogen sind und für mehrere Wertströme produzieren, hat dazu geführt, dass Abteilungsleiter in Shopfloor-Meetings zusammenstanden, die überhaupt keine Kunden-Lieferanten-Beziehung hatten und auch darüber hinaus keinerlei Berührungspunkte. Diese Erkenntnis hat dazu geführt, dass wir in Richtung einer horizontalen, also wertstromorientierten Aggregation gegangen sind. Wir lassen die Gruppen und Abteilungen zusammenstehen, die Teil eines gemeinsamen Wertstroms und somit Teil einer gemeinsamen Produktherstellung sind. Hier bietet die Shopfloor-Stehung die richtige Plattform, um Probleme und Handlungsfelder an den Schnittstellen zu besprechen.

Go and See

Manche Maßnahmen müssen direkt am Arbeitsplatz besprochen bzw. gezeigt werden, weshalb man sich auch physisch dorthin begeben muss. Dieses Go and See bietet auch den Führungskräften, die nicht ständig in Prozessnähe sind, die Gelegenheit, sich ein Bild vom Status der besprochenen Themen zu machen. So können sich alle beteiligten Führungskräfte und Mitarbeiter direkt einbringen. Das schafft buchstäblich Nähe und ist ein wesentlicher Erfolgsfaktor beim Shopfloor Management.

4.4 Arbeiten mit Zielzuständen

Ziel, Zustand, Standard

Zielzustand ist ein so genanntes Kompositum, ein zusammengesetztes Wort. Der Zustand beschreibt den Status eines Prozesses, das Ziel beschreibt dessen Ergebnis. Üblicherweise lassen sich die Ergebnisse von Prozessen in dem Dreieck Qualität – Kosten – Zeit darstellen. Im Zielzustand versucht man herauszufinden, wie die Einflussgrößen und Stellhebel aussehen, damit der Prozess zu einem bestimmten Ergebnis führt. Diese Betrachtung lässt sich für einen Ist-Zustand und für einen zukünftigen Zustand anstellen.

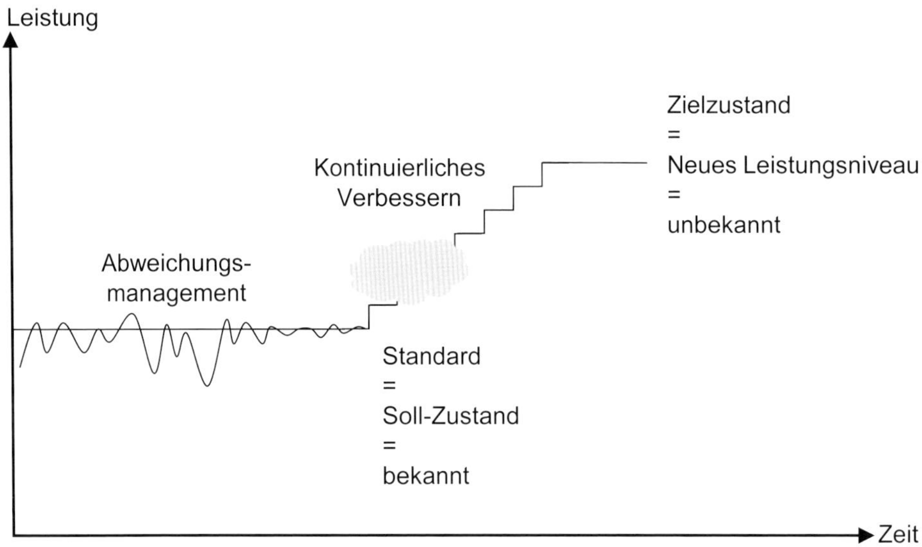

Bild 4-5: Standard und Zielzustand

Mike Rother (Rother 2013) beschreibt einen Prozess-Standard, wie er im Rahmen des Shopfloor Management diskutiert wurde, als einen Zielzustand. Damit hat er insofern Recht, als es in der Realität ja immer wieder Abweichungen von diesem Zustand geben wird, die im Rahmen eines Abweichungsmanagements bearbeitet werden. Immer wieder wird versucht, den Standard zu halten bzw. bei Abweichungen wieder zu erreichen.

Eher gebräuchlich ist es, den Standard als einen bekannten Soll-Zustand zu betrachten, von dem aus man versucht, einen Zielzustand auf höherem Leistungsniveau zu erreichen. Der Weg dorthin führt über die Kontinuierliche Verbesserung. Im Gegensatz zum Soll-Zustand ist der Zielzustand in dieser Betrachtung unbekannt (vgl. Bild 4-5).

Der Weg durch unbekanntes Gebiet

Dem britischen Staatsmann Winston Churchill wird folgendes Zitat zugeschrieben: „Prediction is very difficult – especially about the future". Auch wenn dies natürlich ironisch gemeint ist, steckt doch ein Körnchen Wahrheit darin. Unser Verständnis ist, dass der zukünftige Erfolg in einem unbekannten Gebiet liegt. Lange Jahre konnten wir in Europa und den USA von den Erfolgen von Toyota profitieren. Wir sind in Scharen nach Japan gereist, um die Fabriken zu besuchen und uns Anregungen für die Gestaltung unserer eigenen Fabriken zu holen. Die ganze Lean-Welle, beginnend mit den Studien von Womack, Jones und Roos, hat zunächst stark auf sichtbare und damit kopierbare Elemente des Toyota Produktionssystems (TPS) gesetzt. Damit waren teilweise beträchtliche Quantensprünge zu realisieren. Wir konnten z.B. bei TRUMPF durch die Einführung von getakteten Fließlinien die Produktivität um über 50% steigern und die Durchlaufzeit um über 60 % senken. Lange Zeit konnten wir davon zehren und wir konnten uns sehr genau anschauen, wie andere das machen. In der Zwischenzeit sind wir und viele andere Unternehmen an dem Punkt angelangt, an dem es nicht mehr ausreicht, nur „vom Nachbarn abzuschreiben". Die wesentlichen sichtbaren und kopierbaren Elemente sind umgesetzt. Wenn wir uns weiter verbessern und gegen den Wettbewerb durchsetzen wollen, müssen wir akzeptieren, dass wir neue Lösungen und Ansätze selbst erfinden müssen. Zu Beginn der SYNCHRO-Zeit waren Ansätze in Hülle und Fülle vorhanden und mussten nur umgesetzt werden. Workshops hatten überwiegend den Charakter, dass jemand schon eine durchdachte Lösung wusste, wenn er andere zum Termin einlud. Mittlerweile hat sich die Workshop-Frequenz schrittweise verlangsamt, die Ergebnisse fielen geringer aus. Teilweise brachen bereits erreichte Leistungen mit der Zeit wieder ein. Es wurde zäh, und die Luft wurde dünner. Wir erkannten, dass wir die Art, wie wir SYNCHRO weiter entwickeln sollten, wie wir bestehende Systeme stabilisieren und verbessern, ändern mussten. Wir mussten einen Weg finden, wie wir verbessern, ohne die Lösung schon vorher zu kennen!

Der Zielzustand

Der Zielzustand eines Prozesses liegt in der Zukunft, und wir können nicht wissen, wie er genau aussieht. Insofern führt der Weg zu diesem Zielzustand durch unbekanntes Gebiet. Aus diesem Grund sollten Sie vier Dinge beherzigen. Zunächst einmal hilft eine grundsätzliche Orientierung über die einzuschlagende Richtung. Hier leistet der Nordstern, wie bereits diskutiert, als ferner Fixpunkt Unterstützung. Der Nordstern alleine reicht nicht, da er zu unspezifisch und damit zu beliebig ist. Der Zielzustand ist das wesentliche Instrument, um dem Verbesserer Orientierung zu geben. Zweitens hilft ein systematisches Vorgehen, eine Methodik. Nun ist der Methodenbegriff teilweise etwas negativ vorbelastet, methodisches Vorgehen hat bisweilen den Makel, als starr und wenig flexibel zu gelten. Zu Unrecht.

Im Wort Methode stecken mit „meta" und „hodos" wiederum zwei Bestandteile, von denen der erste „nach" bzw. „hin zu" und der zweite schlicht „Ziel" bedeutet. Damit wird klar, dass eine Methode mehr ist als ein bloßes Werkzeug, das stur eingesetzt wird. Vielmehr ist eine Methode der Weg zum Ziel. Zur Verdeutlichung könnte man als Metapher das Bergsteigen heranziehen. Wer einen Gipfel erreichen will, sollte eine Karte bzw. einen Routenplan lesen können, neben der richtigen Ausrüstung benötigt er Kletterfertigkeiten und Kenntnisse in Sicherungs- und Rettungstechniken. All dies kann unter der Methode subsummiert werden, hohe Gipfelziele zu erreichen.

Bewegt man sich zudem in unbekanntem Gelände, ist es ratsam, sich der Dienste eines Experten oder eines einheimischen Führers zu versichern. Im betrieblichen Kontext – und um Missverständnisse zu vermeiden – spricht man eher von einem Coach.

Die Komfortzone verlassen

In einem unbekannten Gebiet drohen ebenso unbekannte Gefahren. Deshalb gehört auch ein gewisses Maß an Risikobereitschaft dazu, in dieses Gebiet aufzubrechen. In jedem Fall ist man gezwungen, seine Komfortzone zu verlassen und sich zumindest in eine Zone des Lernens zu bewegen, in der man sich Schritt für Schritt, Etappe für Etappe vorantastet.

Darüber hinaus ist die Gefahr des Scheiterns latent immer gegeben. Auch darauf sollte man sich einstellen, ohne allerdings in eine Angststarre zu fallen. Bei einem bekannten oder wenig anspruchsvollen Ziel ist zumeist auch der Lösungsweg vorgezeichnet, zur Sorge besteht wenig Anlass. Bei Prozessverbesserungen hingegen – und um diese geht es ja im Kern – sind die Zielzustände weitgehend lösungsfrei und die Lösung ist auch sonst niemandem bekannt. Grundsätzlich sollte es sich um anspruchsvolle Ziele handeln, die nicht ohne eine gewisse Anspannung zu erreichen sind.

Unter derartigen Umständen muss das Funktionieren einer Lösung immer wieder aufs Neue erprobt und nachgewiesen werden. Insofern haben Verbesserungen durchaus experimentellen Charakter. Experimente dieser Art gehören nach dem Wissenschaftsautor Lewis Dartnell zu den wissenschaftlichen Methoden, die den technischen Fortschritt bewirken (Dartnell 2014).

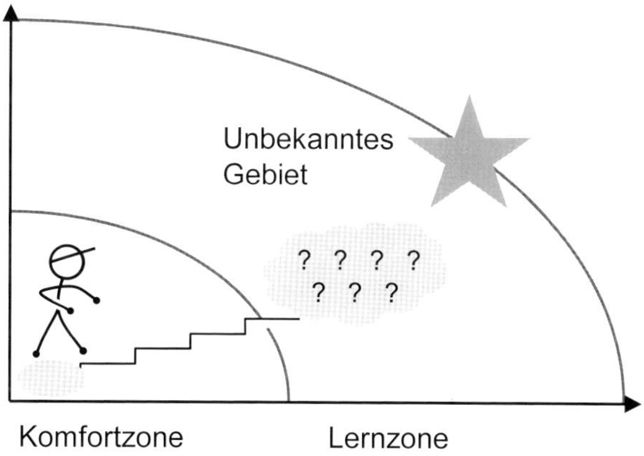

Bild 4-6: Erreichen eines Zielzustandes durch unbekanntes Gebiet

Das Stecken bzw. Vereinbaren der richtigen Ziele ist bereits seit Jahren ein kontrovers diskutiertes Thema in den Betrieben. Etwas überspitzt könnte man sagen, dass das konkrete Ziel gegenüber dem richtigen Arbeiten an der Verbesserung sogar etwas in den Hintergrund tritt. Wer methodisch sauber arbeitet, wird einen guten Zielzustand erreichen, ohne dass dieser sofort in Euro und Cent rechenbar sein muss. Natürlich müssen sich am Ende des Tages Ergebnisse einstellen, die innerhalb des ökonomischen Zieldreiecks (Qualität, Kosten, Zeit) liegen, doch ergeben sich solche Effekte meist von selbst. Wenn die Richtung stimmt, siehe oben.

Incentives – ein heikles Thema

Beim Setzen von Zielen muss das Thema Incentivierung grundsätzlich mit Bedacht angegangen werden. Wenn die Prämie für Zielerreichung zu stark im Vordergrund steht, gerät der richtige Lösungsweg ins Hintertreffen. Man will die Prämie um fast jeden Preis und versucht, sie auf welchem Wege auch immer zu erreichen. Das ist im Sinne von Lean oder SYNCHRO nicht wirklich sinnvoll.

Ein in der Literatur und im Common Sense des Managements sehr bekanntes und häufig verwendetes Akronym ist SMART. Dabei steht S für spezifisch, M für messbar,

A für attraktiv und R für realistisch. Die beiden letztgenannten sind meist schwerer zu erfüllen. Den Aspekt „attraktiv" streifen wir später noch einmal, wenn es um Motivation und Verhalten geht. „Realistisch" ist ein sehr häufig missverstandenes Prinzip. Nach unserer Kenntnis wurde „realistisch" meist damit erklärt, dass die Wahrscheinlichkeit, es zu erreichen, bei >90 % liege. Was wiederum unterstellt, dass Lösung und Lösungsweg einigermaßen bekannt sind. „Realistisch" bedeutet in Wahrheit, dass es eine gute Chance gibt, das Ziel zu erreichen. Andererseits besteht jedoch auch die Möglichkeit, das Ziel zu verfehlen. Das ist ein elementarer Unterschied. T steht übrigens für Target, Ziel.

Bei TRUMPF wurde oft die Diskussion geführt, ob Zielzustände mit Incentivierung verknüpft werden sollen. Ein sehr gefährliches Spiel. Das zeigen schon alleine die Erfahrungen im Akkordlohn. Erfahrungsgemäß liegt dabei die Leistungsobergrenze genau dort, wo die maximale Entlohnung bezahlt wird. Dieses Niveau wird meist auch dann erreicht, wenn Mitarbeiter und Prozesse grenzwertig belastet sind. (Über die Konsequenzen zu stark angespannter Prozesse haben wir bereits gesprochen und dass Akkordarbeit fast immer zu Verschwendung durch Überproduktion führt, ist ebenfalls kein Geheimnis.)

Knüpft man das Erreichen eines Zieles also an Geld, ist die Gefahr zu groß, dass die Ziele exakt so gesetzt werden, dass sie bequem zu erreichen sind. Außerdem macht es sich das Management manchmal zu leicht. Es ist einfach, die Leistung nur an einem hart zählbaren Ergebnis zu messen. Es ist schwerer und mit mehr Aufwand verbunden, sich mit dem Prozess des Verbesserns auseinanderzusetzen. Und das ist in zweierlei Hinsicht notwendig. Erstens kann ein bestimmtes erreichtes Ergebnis nur dann wirklich fair bewertet werden, wenn man im Nachhinein die Schwierigkeit der Aufgabe versteht. 20 % Verbesserung können für den einen ein Kinderspiel gewesen sein und es wären vielleicht sogar 30 % möglich gewesen. Für den anderen waren die 20% weit außerhalb des Machbaren und schon 15 % waren, gemessen an der Schwierigkeit, eine hervorragende Leistung. Zweitens kann ich als Führungskraft nur Hilfestellung leisten und meinen Mitarbeiter weiterentwickeln, wenn ich verstehe, wie er arbeitet, wo das Verbessern gut funktioniert und wo es damit noch hapert („Let me see your way of thinking").

Das Themenabschlussblatt

Deswegen haben wir für das Review eines abgeschlossenen Zielzustands ein so genanntes Themenabschlussblatt eingeführt, auf dem die wichtigsten Schritte noch einmal zusammengefasst nachvollzogen werden können: Ausgangssituation, Ziel, Ergebnis, die wichtigsten Verbesserungsschritte, die wichtigsten Hindernisse und Probleme, die beseitigt wurden, die wichtigsten Lernerfahrungen. Damit rufen sich der Verbesserer und sein Coach in Erinnerung, was in den Wochen der Verbesserung getan wurde. Damit schafft man zusätzlich die Transparenz für das Management, wie anspruchsvoll die Herausforderung war oder wie innovativ die Lösungen gewesen sind. Neben den Beobachtungen, die der Coach im Laufe des Verbesserungsprozesses gesammelt hat, dient das Themenabschlussblatt dazu, einen Verbesserer und sein Projekt zu bewerten. Das Themenabschlussblatt ist ein Hilfsmittel, das die wichtigsten Punkte zusammenfasst – die laufende Beobachtung durch den Coach ersetzt es nicht.

Wie man einen Elefanten isst: Der Logikbaum

In unseren SYNCHRO-Trainings verwenden wir häufig eine Darstellung, die wir uns bei Antoine de Saint-Exupéry ausgeliehen haben. Genauer in seinem Buch „Der kleine Prinz" (Saint-Exupéry 2015). Zunächst zeigen wir ein Bild, das entfernt einem Hut ähnelt und fragen die Teilnehmer, was sie auf dem Bild erkennen. Die meistgenannte Antwort lautet: „Einen Hut." Ein zweites, nachfolgend gezeigtes Bild mit „Röntgenblick" macht jedoch deutlich, dass es sich nicht um einen Hut handelt, sondern um eine Riesenschlange, die einen Elefanten verschlungen hat. Die Schlange ist im wahrsten Sinne platt – außer an der Stelle, an der sich ihr Leib überdimensional über dem Elefanten wölbt. Gesund sieht dieses Kriechtier nicht mehr aus.

Damit wollen wir zeigen, wie unpraktisch es ist, einen Elefanten in einem Stück zu verspeisen. Das schlägt auf den Magen und hemmt das Fortkommen. Und trotzdem verschlucken wir uns im Projektalltag regelmäßig an riesigen Brocken. Obwohl wir eigentlich wissen, dass man Elefanten nur Stück für Stück essen kann.

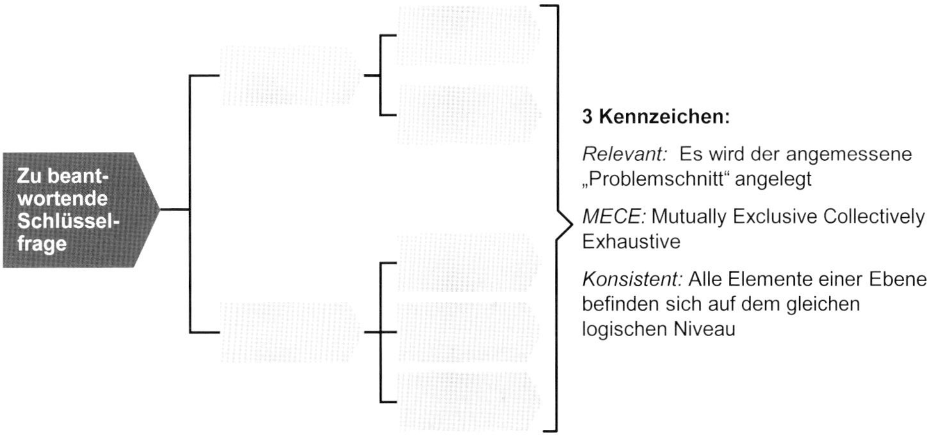

Bild 4-7: Logikbaum als Hilfsmittel zur Strukturierung (Prinzipdarstellung)

Mit dieser Metapher wird deutlich, dass man nicht versuchen sollte, sich zu große Aufgaben zu stellen bzw. diese auf einmal zu lösen. Vielmehr tut man besser daran, komplexe Aufgaben in leicht verdaubare Teilaufgaben zu zerlegen. Heißt: Man sollte nicht versuchen, ein Fernziel mit einem einzigen Riesenschritt zu erreichen. Nun darf das Zerlegen großer Aufgaben, das Herunterbrechen hoher Ziele keinesfalls beliebig oder unstrukturiert erfolgen. Diesem Zweck dient der so genannte Logikbaum (vgl. Bild 4-7).

Das Ziel wird im Logikbaum durch die zu beantwortende Schlüsselfrage verkörpert. Wenn das Ziel lautet, die Durchlaufzeit zu verkürzen, hieße die zu beantwortende Schlüsselfrage: „Was führt denn zu einer langen Durchlaufzeit? Oder „Warum ist die Durchlaufzeit so hoch?“ und nicht etwa „Wie kann ich die Durchlaufzeit senken?“ Mit der zweiten Frage wäre man bereits im Bereich der Lösungen und liefe Gefahr, in altbekannte Lösungsmuster zu verfallen und nur die Stränge und Äste zu verfolgen, für die man bereits Lösungsansätze im Kopf hat. Es empfiehlt sich, den Fokus anfänglich weiter aufzumachen.

Mit dem Logikbaum lassen sich die Einflussgrößen und Stellhebel im Prozess identifizieren, was die Möglichkeit bietet, die aktuelle Situation umfassend und relevant zu analysieren. Wenn wir zurückgehen auf unsere Begriffsklärung des Zielzustandes, so lässt sich der dort beschriebene Sachverhalt in einem Überblicksbild wie folgt darstellen (vgl. Bild 4-8).

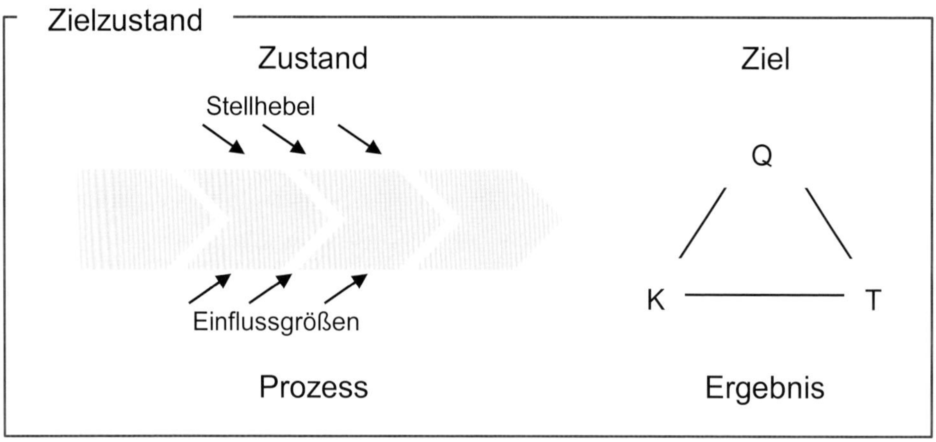

Bild 4-8: Ziel und Zielzustand schematisch

Zunächst ein konstruiertes Beispiel

Nehmen wir die folgende Situation in einer Montagelinie an: Aufgrund der steigenden Nachfrage plant das Management, den Ausstoß der Linie von 8 Stück pro Woche auf 10 Stück pro Woche zu steigern. Nebenbedingungen sind, das Ergebnis mit der gleichen Mannschaft von 6 Mitarbeitern und auf der gleichen Fläche zu erzielen.

In anderen Worten: Wir wollen von einem Ist-Zustand zielgerichtet zu einem Zielzustand kommen. Die erste Frage lautet deshalb „Was hat Einfluss auf eine Erhöhung des Ausstoßes bei gleicher Mitarbeiteranzahl" (was faktisch einer Produktivitätssteigerung gleichkommt)? Die Antworten auf diese Frage sind allerdings häufig beliebig, wenig griffig und sehr allgemein. Bekommen Sie Antworten wie beispielsweise „Das Layout hat Einfluss auf die Produktivität" oder „Es liegt an der Materialbereitstellung", so ist das sicherlich nicht ganz falsch, jedoch viel zu unkonkret. Fragen Sie konkret nach, was am Layout die Produktivität beeinflusst. Sind es die Laufwege? Was ist es bei der Materialbereitstellung? Sind es die Suchzeiten oder das Mehrfachhandling? Versuchen wir deshalb, uns der Sache schrittweise zu nähern und bemühen die Logik und die Mathematik – und somit Zahlen, Daten, Fakten.

Die Ausbringungsmenge pro Zeiteinheit resultiert daraus, wie lange Mitarbeiter für die Montage eines Stückes benötigen und wie viele in dieser Zeiteinheit daran arbeiten. Der Sachverhalt „wie lange für die Montage eines Stückes benötigt wird" ist wiederum abhängig von der reinen Montagezeit pro Stück, von den tatsächlich auftretenden Störungen und Schwankungen sowie von der Verteilung der Arbeitsinhalte. Wir gehen ja davon aus, dass wir uns in einer Fließlinie befinden.

Prozesse vor Ort aufnehmen

Uns wird schnell klar, dass wir an einer Aufnahme der Prozesse vor Ort nicht mehr vorbeikommen. Wir haben erkannt, dass es unseren Mitarbeitern sehr schwer gefallen ist, die reine Montagezeit von der tatsächlichen mit allen Schwankungen, Störungen und Wartezeiten zu trennen. Als kleiner Exkurs sei angemerkt, dass wir uns bei TRUMPF ausführlich mit der Frage beschäftigt haben, über die Zeitwirtschaft realistische Planzeiten zu dokumentieren. Denn wir benötigen diese sowohl für die Kalkulation der Kosten, der notwendigen Kapazitäten als auch für die Messung der Produktivität. Diese Zeitwirtschaft stellt uns vor ordentliche Herausforderungen, da der Aufwand für realistische Planzeitbausteine bei der Dauer unserer Montagezeiten und der Vielfalt unserer Varianten sehr hoch ist. Für den Verbesserungsprozess ist diese Exaktheit, wie wir sie für die Kalkulation benötigen, nicht notwendig. In diesem Falle reichen uns grobe, von Hand aufgenommene Zeiten.

Bei Toyota spricht man häufig von dem so genannten 10-Zyklus-Check. Man schaut sich zehn Zyklen eines Arbeitsprozesses an und misst die Zeiten. Auf diese Weise lässt sich sehr einfach eine (salopp genannte) „Zappelkurve“ erstellen. Sie zeigt, wie stabil sich die Zykluszeit verhält. In der Automobilindustrie und bei Herstellern von „Fast Moving Consumer Goods“ mit Taktzeiten im einstelligen Minutenbereich ist das ein Leichtes. Bei TRUMPF stellt es uns vor die Herausforderung, dass man einen Zyklus von acht Stunden nicht mal eben zehnmal beobachtet. Was Sie auf jeden Fall benötigen, ist eine einmalige Beobachtung des Montageablaufes, um die Inhalte, die Reihenfolge, die Störungen etc. zu verstehen.

Eine möglichst „reine Wertschöpfungszeit“ identifizieren

Die Aufgabe des Prozessverbesserers lautet, genau unter die Lupe zu nehmen, was an der Tätigkeit geplant und was ungeplant ist. Denn nur so lässt sich eine möglichst „reine Wertschöpfungszeit“ identifizieren – ein anspruchsvolles Unterfangen. Es empfiehlt sich, zu Beginn der Verbesserung sofort den so genannten „laufenden Indikator“ zu implementieren: eine einfache Kennzahl, die vom Mitarbeiter selbst erhoben wird und den zu betrachtenden Arbeitszyklus kontinuierlich misst. Auf diese Weise bekommen wir durch die Einbindung des Monteurs schon nach einigen Tagen unsere Zappelkurve. Sie zeigt uns, wie stark die Montagezeit um eine Vorgabezeit herum schwankt. An dieser Stelle sei angemerkt, dass Sie über die Aufnahme von mehreren Zyklen auch die Definition der „reinen“ und störungsfreien Wertschöpfungszeit besser hinbekommen. Bei zehn Aufnahmen ist die beste wiederholbare Zeit ein Indiz dafür.

Auch wenn diese nicht unbedingt störungsfrei ist, so haben Sie doch zunächst einen Anhaltspunkt. Und der sollte für die weitere Verbesserungsarbeit ausreichen, auch wenn er nicht zu 100% korrekt ist. In unserem Fall zeigte sich, wie schnell Sie Gefahr laufen können, zwei Dinge miteinander zu vermischen. Die durchschnittliche Zeit, die benötigt wird, betrug ca. 285 Minuten. Dies als Ausgangswert für die Montagezeit anzunehmen birgt den großen Fehler, dass Montagezeit und Störungszeit miteinander vermischt werden. Da es sich um zwei unterschiedliche Themen handelt, wollten wir sie getrennt voneinander optimieren. Es zeigte sich, dass der Monteur in der Lage war, den Arbeitsinhalt in ungefähr 255 Minuten zu bewältigen. In drei von zehn Fällen schaffte er diese Zeit, ein viertes Mal unterbot er diese Zeit sogar.

Wir haben zwei wesentliche Stellhebel für unsere Verbesserung identifiziert. Während die Ausbringungsmenge pro Zeiteinheit ein Ergebnis darstellt, ist die Montagezeit und die Schwankung der Montagezeit ein Stellhebel, an dem Sie „drehen“ können, um das Ergebnisziel zu erreichen.

Ein weiterer Stellhebel ergibt sich aus der Güte der Verteilung der Arbeitsinhalte. Stellen wir uns vor, dass wir für jeden Takt eine wie im oberen Beispiel beschriebene Aufnahme vorgenommen haben. Stellt man die Zykluszeiten der jeweiligen Takte nebeneinander, so wird schnell ersichtlich, dass (mit und ohne durchschnittliche Störungen) die Arbeitsinhalte unterschiedlich verteilt sind. Diese Verteilung lässt sich mit einer einfachen Formel in einer Kennzahl ausdrücken: dem Austaktungsgrad. In diesem Fall ist es die Summe der Zykluszeiten (20h) zu der Anzahl der Takte, multipliziert mit dem Linientakt. Es ergibt sich ein Austaktungsgrad von 74%. Im Umkehrschluss heißt das nichts anderes als „Wir verlieren ca. 26% unserer Produktivleistung durch eine schlechte Austaktung."

Warum ist es wichtig, wieder die möglichst reinen und störungsfreien Wertschöpfungszeiten als Ausgangspunkt zu nehmen – und nicht die real gemessenen Zeiten? Ganz einfach: Auch dieses Phänomen und diesen Verlust wollen wir zunächst isoliert betrachten. Wir wollen wissen, wie viel wir durch eine schlechte Austaktung verlieren.

Optimierungsansätze

Wir haben drei unterschiedliche Stellhebel identifiziert und isoliert voneinander dargestellt. Aus jedem der Stellhebel ergeben sich unterschiedliche Ansätze in der Optimierung. Wollen Sie die Montagezeit reduzieren, so werden Sie nach Möglichkeiten suchen, Lauf- und Greifwege zu verkürzen, Handlingschritte zu eliminieren sowie Vorrichtungen anzupassen, die ein einfacheres Montieren möglich machen. Und Sie werden nach Verschwendungen suchen, die im Prozess stecken.

Wenn Sie die Störungen genauer betrachten, suchen Sie nach allem, was eine Abweichung vom geplanten Ablauf darstellt – wie zum Beispiel Nachjustieren, Nacharbeiten, Suchen von fehlendem Material oder Werkzeugen, Warten auf den Kran und so weiter. Nehmen Sie die Austaktung in den Blick, dann schauen Sie, wie gleichmäßig oder eben ungleichmäßig sich die geplanten Arbeitsinhalte auf die Mitarbeiter verteilen. Zusammengefasst lässt sich der Ist-Zustand der Linie in der linken Hälfte von Bild 4-9 darstellen.

Wir kommen zum Zielzustand. Die Ergebnisgrößen sind durch die Zielausbringungsmenge vorgegeben und leiten uns mit Blick auf die Verbesserung. Wir wollen in Zukunft 10 Stück pro Woche produzieren, was bei 36 Stunden Nettoarbeitszeit einem Linientakt von 3,6 Stunden pro Stück entspricht. Dieses Ergebnis gilt es mit der Nebenbedingung „mit sechs Mitarbeitern und auf 200 m² Fläche" zu erreichen.

Die Frage lautet, mit welchem Stellhebel wir uns zuerst beschäftigen wollen. Die Antwort: Das ist in diesem Fall nicht ganz trivial. Einfacher wäre es zu sagen, mit welchem Stellhebel wir uns zuletzt beschäftigen, nämlich mit der Summe der Zykluszeiten, sprich: der reinen Montagezeit.

In diesem Beispiel macht es Sinn, zuerst neu auszutakten. Warum? Weil der Takt 5 der einzige ist, der die Taktzeit reißt, gleichzeitig aber der Takt mit den wenigsten Störungen ist. Takt 1 hingegen weist die meisten Störungen auf und reißt unter diesem Setup den Takt nie. Dies ist jedoch keine pauschale Erklärung, sondern muss von Fall zu Fall neu betrachtet werden. Das Zielbild einer neuen Austaktung bei einer etwa gleichbleibenden Menge an Störungen zeigt das rechte Austaktungsdiagramm im Zielzustand (vgl. Bild 4-9).

Bei dieser Austaktung sind die Takte 1 und 4 diejenigen, die regelmäßig die Taktzeit reißen werden und an denen nun zuerst optimiert werden muss. Durch regelmäßiges Anpassen der Taktzeit der Linie nach unten (und einer Erhöhung des Anspannungsgrades) lässt sich sukzessiv an der Reduzierung der Störungen und Schwankungen arbeiten. Erst danach ist es an der Zeit, auch die Wertschöpfungszeiten zu betrachten und nach Verschwendung im Prozess zu suchen. Die ersten Prozessbeobachtungen zur Aufnahme des Ist-Zustands sollten uns viele Ansatzpunkte liefern, die wir in Form von Auffälligkeiten im Ist-Zustand als qualitative Merkmale beschrieben haben. In seinen Kata-Trainings nennt Mike Rother diese Rubrik „Obstacle Parking Lot". Die Menge und Qualität dieser Auffälligkeiten sollte uns ein gutes Gefühl dafür geben, was wir uns als anspruchsvolles Ziel zur Reduzierung der Montagezeit setzen können.

Mit gewissen Instabilitäten mittelfristig leben

Auch wenn es gelungen ist, Störungen und Schwankungen im Laufe einer vorgegebenen Zeit zu reduzieren, kann es gut möglich sein, dass man die Linie erneut austakten muss. Wir sind bei TRUMPF bei der teilweise hohen Komplexität unserer Produkte soweit geerdet, dass uns klar ist, dass wir mit gewissen Instabilitäten mittelfristig leben müssen. Es ist also gut möglich, ein gewisses Maß an Schwankung in die „Vorgabezeit" mit einpreisen zu müssen. Aus diesen Überlegungen ergibt sich letztlich ein Zielzustand, der uns helfen soll, uns im Verbesserungsprozess zu orientieren, die Themen getrennt voneinander, in handhabbaren Teilschritten zu bearbeiten und zu optimieren.

Ein einfaches Praxisbeispiel

Das oben genannte Beispiel eines Zielzustandes ist durchaus realistisch, wenn auch in der Praxis viele Beispiele vom Umfang her deutlich kleiner sind. Häufig ist ein Zielzustands-Thema, das von einem Verbesserer in einem Quartal bearbeitet wird, nur so groß wie eines der Teilziele: Entweder konzentriert er sich darauf, die Austaktung zu verbessern, die Störungen zu reduzieren oder an der Montagezeit zu arbeiten.

Konzentration auf einfache Ziele

Zu Beginn der Einführung dieser Art des Kontinuierlichen Verbesserns haben wir uns zunächst einfache und eher eindimensionale Themen herausgesucht. Oftmals war es das simple Ziel „Reduzierung der Montagezeit". Dies hatte ein paar wesentliche Vorteile. Zuallererst haben wir für die Teamleiter und Gruppenleiter Aufgaben gefunden, die relativ einfach zu bewältigen waren, damit sie sich vorrangig auf das Erlernen der Methodik konzentrieren konnten. Darüber hinaus hatten wir in vielen Werken noch jede Menge Potenzial, um die Montagezeiten zu reduzieren – ein lohnenswertes Ziel, auf das sich die Werksleitung gerne einließ.

Zielzustände beschreiben

Man kann dieses erste Beispiel in zweierlei Hinsicht für die Beschreibung von „Zielzuständen" nutzen. Erstens als einfaches Exempel, um den Aufbau eines Zielzustandes in der Praxis zu zeigen. Und zweitens, um den kompletten Aufbau einer Zielzustands-Projekttafel zu zeigen – inklusive eines Teil-Zielzustandes, einer PDCA-Experimentiertabelle, einer Maßnahmenliste sowie laufenden Indikatoren und Hilfsinformationen.

Bild 4-9 zeigt den Aufbau eines einfachen Zielzustandes: Die Montagezeit für eine Gebläseeinheit sollte von 48 auf 25 Minuten reduziert werden. Die Indikatoren wurden auf die simpelste Art und Weise entfaltet, indem die aktuell 48 Minuten einfach in sequenzielle Teilschritte zerlegt wurden. Zusätzlich wurden die Losgröße und die Laufwege als Indikatoren genannt. Zur weiteren und verständlicheren Beschreibung des Ist- und Zielzustandes wurde ein Layout mit einem so genannten Spaghetti-Diagramm dargestellt. Das Bild half dem Verbesserer, die Problemstellung der Ist-Situation besser verständlich zu machen. Es gab keinen klaren Prozessfluss und viele Laufwege. Zusätzlich wurden in den Auffälligkeiten bereits die Hauptansatzpunkte beschrieben, an denen der Verbesserer arbeiten wollte, um sein Ziel zu erreichen: das Prüfen des Produkts während der Hauptzeit, das Ablängen der Schläuche sowie das Vorbereiten des Werkzeuges. Während im Ist-Zustand die Situation klar beschrieben war, wurde im Zielzustand eine schematische Darstellung gewählt – einfach aus dem Grund, weil das zukünftige Layout noch nicht bekannt war. Ebenso wurden gewünschte Eigenschaften (ohne Lösung) für den Prozess beschrieben wie etwa „Das System muss selbststeuernd sein", „Es muss im One Piece Flow laufen", „Der Mitarbeiter muss die Linie nicht mehr verlassen" und „Das Werkzeug ist immer griffbereit". Keines dieser Merkmale stellt eine Lösung dar, gibt jedoch eine eindeutige Orientierung für die Lösungsfindung.

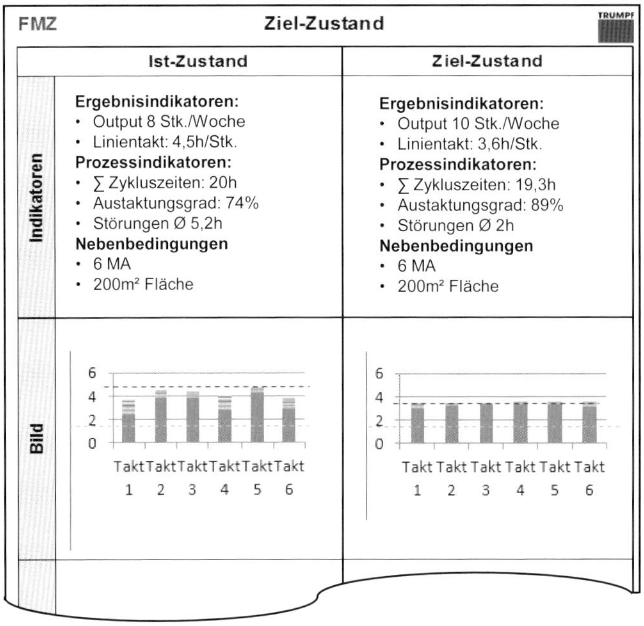

Bild 4-9: Aufbau eines einfachen Zielzustandes

Den Elefanten in kleinere Teile zerlegen

Das Gesamtbild dieses Projektes, das den Verbesserer für einen Zeitraum von drei Monaten beschäftigt hat, zeigt das komplette Instrumentarium. Um den „Elefanten" zunächst in kleinere Teile zu zerlegen, folgt die Erstellung eines Teil-Zielzustandes, der einen Indikator des Hauptzielzustandes aufgreift und noch detaillierter darstellt (in diesem Fall der Aspekt „Reduzierung der Prüfzeit").

Dieser Teil-Zustand folgt exakt der gleichen Logik wie der Hauptzielzustand. Unterhalb der Zielzustände sieht man die laufenden Indikatoren. Der Verbesserer bekommt regelmäßig Rückmeldung darüber, wie sich die Leistung des Prozesses im Augenblick verhält. Rechts oben in Bild 4-10 ist das PDCA-Experimentierblatt erkennbar.

Rechts unten stehen die umzusetzenden Maßnahmen. Dies können To Dos sein, die gegebenenfalls aus den PDCAs herausfallen oder auch Quick Wins, die ohne experimentelles Vorgehen direkt umgesetzt werden können. Für den mit dem Thema Kata vertrauten Leser sei angemerkt, dass wir nicht zwanghaft jeden Schritt durch den PDCA laufen lassen, wenn die Maßnahme offensichtlich ist. Ein relativ freies Feld sind die Hilfsinformationen, in denen der Verbesserer jegliche Information unterbringen kann, die er für relevant hält (Zeichnungen, Stücklisten, Layouts, Prüfanweisungen, etc.).

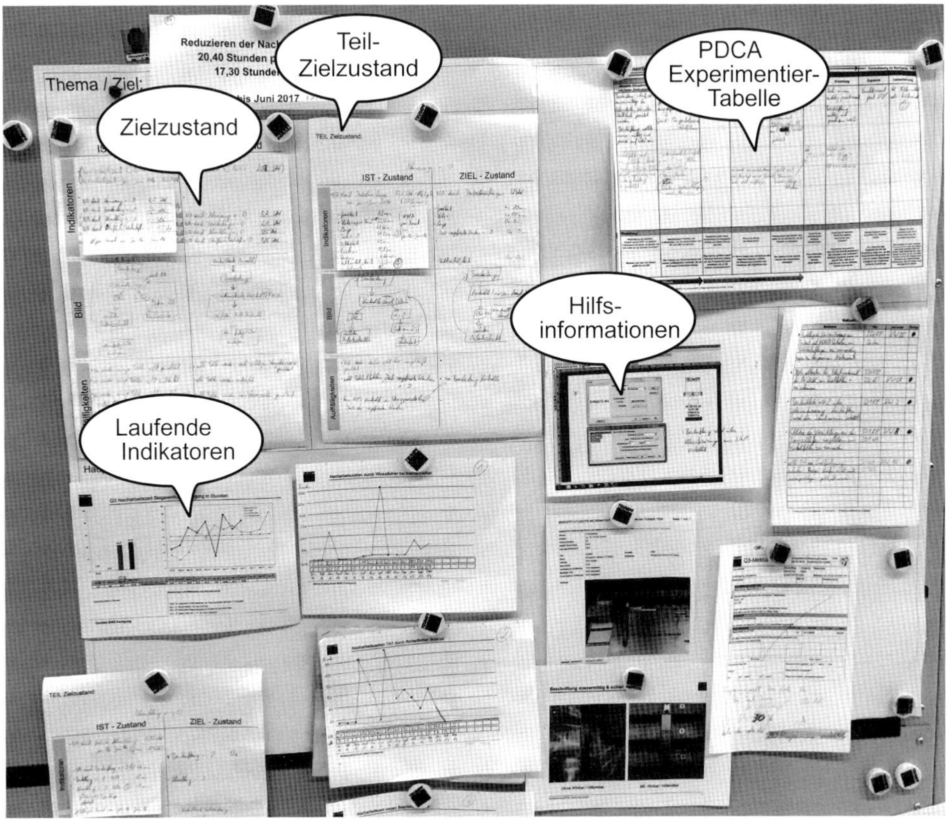

Bild 4-10: Gesamtbild des Projektes

Struktur, Übersicht und Storyline

Diese Darstellung zeigt, dass es sich um kein Hexenwerk handelt und auf den ersten Blick relativ trivial daherkommt. Bei näherer Betrachtung zeigen sich jedoch einige erhebliche Vorteile im Verbesserungsprozess. Erstens haben wir einen Standard. Der Verbesserer kann sich an dieser Struktur orientieren, der Coach hat eine klare Übersicht und Storyline. Sie erkennen auf einen Blick, ob alles vorhanden ist (5A-Prinzip) und vor allem: Das Thema ist immer „hochgefahren" und es benötigt kaum geistige Rüstzeit, sich hineinzudenken. Dieser Punkt ist im Kontinuierlichen Verbesserungsprozess von besonderer Bedeutung, da wir uns das Ziel gesetzt haben, die Verbesserung in das Tagesgeschäft einer Führungskraft zu integrieren und nicht als Projektarbeit zu betrachten, die in diskreten Schritten jenseits des Tagesgeschäfts und in Wellen passiert. Der Verbesserer soll auch kleinere Zeitfenster (30-90 Minuten, zwei- bis dreimal pro Woche) nutzen können, um effektiv zu arbeiten.

Praxisbeispiel II: Zielzustände geben Struktur und Systematik

Zielzustände sollen unseren Mitarbeitern und Führungskräften Struktur und Systematik geben, um ein kontinuierliches Arbeiten an komplizierten Verbesserungsaufgaben zu erleichtern. Wer mit Zielzuständen arbeitet, kann dieses Instrument und diese Vorgehensweise dafür nutzen, um die persönlichen wie fachlichen Fähigkeiten der Mitarbeiter zu entwickeln. Wir konnten im Laufe der Zeit sehr schön beobachten, wie die ausgewählten Verbesserungsthemen immer anspruchsvoller und komplexer wurden und wie die Mitarbeiter und Führungskräfte die Systematik nutzten, um sich an diese Aufgaben heranzuwagen. Die Struktur und die Routine gab ihnen die notwendige Sicherheit, das Coaching und die Reflexion der Lernerfahrungen stellte das Lernen sicher.

Zielzustände verändern sich

Die Zielzustände veränderten sich: Es ging um Aspekte wie Reduzierung der Nacharbeit, ausgelöst durch Fehler in der Oberfläche der Werkstoffe, durch falsche Abmessungen, Winkelfehler oder Bearbeitungsfehler an NC-Maschinen. Ein anderes Mal ging es um die Reduzierung von Fertigungsfehlern, verursacht durch Symmetrie-, Maß- und Toleranzfehler. Experimente beschäftigten sich mit Vorrichtungen zur Positionierung der Werkstücke und der Ausrichtung von Fertigungsbezügen. Wir trauten uns aus der Produktion heraus an die Reduzierung der Herstellkosten von Bauteilen, indem wir an Fertigungsverfahren wie Beschichten gingen und sogar durch konstruktive Änderungen sowohl den Materialverbrauch als auch den Schweißaufwand reduzierten. Ebenso gelang es uns, die effektive Laufzeit von Bearbeitungsmaschinen zu erhöhen, ohne zusätzliche Mitarbeiterkapazität einzusetzen (Stichwort: mannlose Schichten). Dazu wurden Störungen reduziert, Rüst-Stillstände eliminiert sowie Poka Yoke-Lösungen implementiert, die die Crash-Gefahr beseitigten.

Das Besondere daran waren für uns nicht die Themen an sich. Ähnliches wurde bereits bei uns und sicherlich auch bei Ihnen in Projektteams, in Workshops oder durch Spezialisten bearbeitet. Das Besondere für uns war, Themen wie diese in großer Menge durch die Linienfunktionen (Teamleiter, Gruppenleiter) parallel zum Tagesgeschäft erfolgreich zu bearbeiten. In einigen Werken gelang es, dass jede verantwortliche Führungskraft (fachliche wie disziplinarische Führungskräfte) im Durchschnitt drei solcher Verbesserungsthemen parallel zum Tagesgeschäft und vor allem parallel zu anderen Projektaufgaben bearbeitete. In Summe wurden dadurch signifikante Beiträge zu den jährlichen Produktivitäts- und Qualitätszielen geliefert. Die Gegenrechnung der Ergebnisse in Euro zeigte bei jedem einzelnen Thema einen Return von kleiner einem Jahr – meistens *deutlich* kleiner, so dass die Einsparungen in der Regel ein Vielfaches der eingesetzten Zeit und des eingesetzten Kapitals entsprachen.

Der Problemlösungs- und Verbesserungsprozess

Die Verwandlung des Ist-Zustandes in den Zielzustand beginnt mit einer Frage: „Was hindert uns, den nächsten Zielzustand zu erreichen?“ Wir sind an dem Punkt angekommen, an dem wir, im Bild gesprochen, ein Filet des Elefanten vor uns haben, das auf einen Teller passt. Wir haben das Problem bzw. die Aufgabe in ein handhabbares Teilstück zerlegt, das sich in einem relativ kurzen Zeitraum verarbeiten lässt. Mike Rother spricht in diesem Zusammenhang häufig von einem Tag als einem sinnvollen Zeitraum. Bei TRUMPF haben wir uns etwas mehr Spielraum gegeben und die Dauer des Verbesserungszyklus etwas näher an die im Vergleich zur Automobilindustrie doch längeren Taktzeiten angepasst. Länger als eine Woche für einen nächsten Schritt, ein nächstes Experiment, wollen auch wir uns jedoch nicht Zeit geben.

Der PDCA – deutlich mehr als ein „Trial and Error“

In Kapitel 5 werden wir uns ausführlich mit dem Thema Routinen beschäftigen. Eine Grundlage für das routinierte Arbeiten wird mit der Methodik gelegt. Für das Verbessern haben wir uns einen detaillierten Standard für den PDCA-Zyklus erarbeitet, den wir „9-stufigen PDCA“ nennen. Mit diesem Standard leiten wir die nächsten Schritte innerhalb eines PDCA sehr konsequent und detailliert her. Aus dieser Sicht ist der PDCA deutlich mehr als ein „Trial and Error“. Ein „aus der Hüfte schießen“ mit einer Idee, die einem zufällig einfällt oder die vielleicht aus einer Lösung abgeleitet wird, die schon einmal an einer anderen Stelle funktioniert hat, betrachten wir nicht unbedingt als ein systematisches Vorgehen – auch wenn danach eine Check- und Act-Phase folgen. Vielmehr geht es darum, den nächsten Schritt ausführlich und systematisch zu entwickeln.

Der 9-stufige PDCA

Schritt 1 des 9-stufigen PDCA ist der simple Abgleich zwischen dem Ist und dem Ziel eines definierten Teilschrittes. Absolutes Muss: eine komplett nüchterne Betrachtung, wertungsfrei und möglichst objektiv. Beispiel: Im Ist-Zustand steht beispielsweise „Das Reinigen der Teile dauert 35 Minuten“. Der nächste Zielzustand lautet „Reinigen der Teile in 16 Minuten“. Damit ist klar formuliert, an welchem Teilschritt gearbeitet werden soll, wo wir mit dem messbaren Indikator stehen und wohin wir diesen Teilschritt entwickeln wollen.

Schritt 2 und 3 beschreiben die Hindernisse bzw. das Haupthindernis. Als Hindernisse verstehen wir alle sichtbaren Probleme, die uns potenziell daran hindern, den Teilschritt in der angestrebten Zeit durchzuführen. Wir bemühen uns, auch bei diesen beiden Schritten noch nicht zu werten und zu interpretieren, sondern üben uns bewusst darin, mit den Verbesserern die Situation möglichst objektiv und wertfrei zu beschreiben. Häufige Fehler in diesem Zusammenhang sind Formulierungen, die das nicht Vorhandensein von gewünschten Lösungen beschreiben (z.B. „keine Vorrichtung vorhanden“, „Transportwagen fehlt“) oder die die Situation nur bewerten und nicht wirklich beschreiben (z.B. „schlechte Materialbereitstellung“, „große Unordnung“ etc.). Diese Arten der Beschreibung tragen nicht direkt dazu bei, das Problem wirklich zu verstehen. Wir bemühen uns, in Worten wiederzugeben, was wir haben sehen können. Das sieht dann beispielsweise folgendermaßen aus: „Der Mitarbeiter…

… musste das Teil mehrfach neu positionieren“
… nutzte eine Hand nur zum Fixieren des Teils“
… hat das Teil mehrfach aufgenommen und wieder abgelegt“
… hat das Teil sehr lange gesucht“
… hat gewartet, bis die Waschanlage fertig ist“
… musste sich bücken, strecken, drehen“ oder
… musste lange Wege zurücklegen.“

All diese Beschreibungen sind objektiv beobachtbare Hindernisse.

Ein Haupthindernis auswählen

Aus Schritt 2 folgt sehr einfach der dritte Schritt: das Auswählen eines Haupthindernisses. Sind mehrere Hindernisse zu beobachten, wählt der Verbesserer dasjenige aus, das er entweder am schnellsten und einfachsten lösen kann (Stichwort: Quick Win) oder dasjenige, welches das größte Hindernis darstellt oder aus der Gesamtbetrachtung so dominant ist, dass es eventuell andere Probleme mit verursacht bzw. dessen Lösung andere Probleme mit löst. Ein einfaches „richtig oder falsch“ gibt es an dieser Stelle nicht, stattdessen muss situativ und mit gesundem Menschenverstand entschieden werden. Wichtig ist, nur an einem Problem zu arbeiten.

Mit diesem Schritt endet die vollständige Beschreibung der aktuellen Situation. Sie ist möglichst frei von Interpretation und Wertung zu halten.

Hypothesen bilden

Der vierte Schritt ist der Beginn der Hypothesenbildung. Die Frage nach der Ursache kann in den meisten Fällen nicht mit Sicherheit beantwortet, sondern zunächst nur vermutet werden. Wir bedienen uns in diesem Zusammenhang verschiedener Methoden des Problemlösungsprozesses. Bei komplexeren Problemen kommt ein Ishikawa zum Einsatz, bei einfachen Problemen reicht häufig das bekannte „5 mal Warum fragen", manchmal nur eine einfache Sammlung oder eine erste Vermutung. Es ist wichtig, über die Zeit eine gewisse Routine zu entwickeln, Erfahrung zu sammeln und verschiedene Techniken auszuprobieren. Stures Anwenden von Techniken führt zur Verlangsamung des Prozesses.

Bei der Ursachenanalyse geht es darum, sich auf eine mögliche Ursache festzulegen und, daraus abgeleitet, im fünften Schritt das Experiment oder die Veränderung im Prozess zu formulieren, gefolgt von den Schritten 6 und 7. Schritt 6 beschäftigt sich mit der Frage „Bis wann soll dieser Schritt umgesetzt sein?", Schritt 7 mit der Frage „Welche Erwartung verknüpfen wir mit diesem Schritt?"

Fazit

Halten wir fest: Die Schritte 1-4 dienen der Herleitung eines nächsten Schrittes und orientieren sich an möglichst objektiven Fakten, die Schritte 5 bis 7 stellen die Hypothesenbildung dar. In Summe sind die Schritte 1-7 Teil des „P" des PDCA. Das „DO" ist schlichtweg die Umsetzung des in Schritt 5 beschriebenen Experiments und das Ausprobieren der neuen Lösung in einer realen Umgebung. Schritt 8 ist der Abgleich des Ergebnisses mit der Erwartungshaltung. Hier ist Vorsicht geboten. Der Standard verlangt zuerst einmal nur, dass die Messung stattfindet und der Abgleich zwischen Erwartung und Ergebnis möglich ist. Absolut notwendig und in der Regel von einem Verbesserer implizit verstanden ist wieder die genaue Beobachtung des Prozesses. „Was passiert tatsächlich?" „Was funktioniert von meiner Verbesserung, was funktioniert noch nicht?" „Erkenne ich durch die Veränderung im Prozess Hindernisse, die ich vorher noch nicht gesehen habe?" Das ist, neben der systematischen Vorgehensweise, eine wichtige Voraussetzung, um überhaupt sinnvoll zu Schritt 9 zu kommen: ganz bewusst Lernerfahrungen zu machen.

Einzelwissen versus institutionalisiertes Wissen

Der Weg zu einer Problemlösung führt über das Erkennen und Lösen von Hindernissen, die zwischen einem bekannten Ist-Zustand und einem in unbekanntem Gebiet liegenden Zielzustand auftreten. Mithilfe von Hypothesen und Experimenten bewegen wir uns in Richtung dieses Zielzustands. Reflektieren wir diesen sehr sorgfältigen und systematischen Weg, so wird klar, dass für das erfolgreiche Verbessern nicht unbedingt ein großer Erfahrungsschatz und ein tiefes technologisches Verständnis notwendig sind. Genau dies wird jedoch sehr häufig angenommen, was im schlimmsten Fall zu zwei Fehlentwicklungen führen kann:

Erstens sind nur noch Experten in der Lage, das System zu verbessern. Sie benötigen jahrelange Erfahrung, und die Anwender werden zunehmend von ihnen abhängig. Nicht selten haben Experten die Eigenart, dass ihre Arbeitsweisen und Gedankengänge undurchsichtig bleiben, sofern sie nicht systematisch, sondern erfahrungsbasiert arbeiten. Für die Führungskraft bleibt das Ganze etwas nebulös und schwer kontrollierbar, sprich: kaum zu managen. Dies führt häufig zu dem allseits bekannten Phänomen, dass die besten Techniker zu Führungskräften werden – obwohl sie nicht immer die Eigenschaft besitzen, andere zu entwickeln, sondern eher dazu neigen, sich in ihre komplexen Aufgaben zu vertiefen.

Zweitens findet eine fehlgeleitete Übertragung statt. Für das richtig erkannte Problem werden falsche Lösungen herangezogen nach dem Motto „Diese Lösung hat uns schon einmal geholfen, sie sollte jetzt wieder helfen." Wenn das einzige Werkzeug, das man besitzt, ein Hammer ist, dann sehen alle Probleme wie Nägel aus.

Als Fazit lässt sich sagen: Es ist eher kritisch, nur auf Erfahrung zu setzen. Sie machen sich von Experten abhängig, entwickeln kein lernendes System, bewegen sich nur in bekannten Lösungsräumen und laufen letztendlich Gefahr, die falschen Lösungen für vermeintlich passende Probleme anzuwenden.

Plan – Do – Check – Act

Fast immer wird der PDCA-Zyklus als ein Kreis dargestellt, der aus vier symmetrischen Segmenten besteht. Das ist insofern irreführend, als die Inhalte der einzelnen Arbeitsschritte sehr unterschiedlich sind. Dieser Sachverhalt lässt sich an unserem Beispiel sehr gut anschaulich machen (vgl. auch Bild 4-11).

Planung ist das halbe Leben – und drei Viertel einer Problemlösung. Tatsächlich umfasst die Planung alle Schritte bis hin zur Formulierung der Erwartung. Diese Sicht der Dinge unterscheidet sich deutlich von früheren Auffassungen, nach denen ein rasches, eher oberflächliches „Trial and Error" durchgeführt wurde. Heute ist man dagegen bestrebt, vergleichsweise viel Zeit und Sorgfalt in die „Phase P" zu investieren. Allein die Analyse der möglichen Ursachen kann (und muss) sehr präzise sein. Experimente machen nur Sinn, wenn die richtige Ursache bearbeitet wird. Möglicherweise ist im Betrieb ein echter physikalischer Versuch damit verknüpft, der extrem aufwändig und teuer sein kann.

Sorgfältige Planung ist zudem eine Voraussetzung für Lernerfahrung. Wer nach dem Muster „Pi mal Daumen" experimentiert, wird daraus kaum fruchtbare Schlussfolgerungen ziehen können. Im Idealfall kann man mit einem ungeplanten und unreflektierten Vorgehen sogar eine Lösung finden – diese entspringt jedoch eher dem Zufall, echte Erkenntnisse sind damit kaum verknüpft.

Die auf Planung folgenden Schritte sind vergleichsweise einfach zu beschreiben. „Do" ist die Durchführung des Experiments, „Check" die Überprüfung und „Act" steht für die Lernerfahrung. Da man erkennt, was nicht funktioniert hat, kann direkt der nächste Zyklus angestoßen werden. Die Phase „Act" mündet darüber hinaus in eine Maßnahmentabelle. In dieser steht, was konkret zu tun ist, um die Veränderung in Betrieb zu nehmen. Ist diese Veränderung erfolgreich umgesetzt, etabliert man damit gleichzeitig einen neuen Standard.

Im Idealfall hat man mit der Veränderung ein Haupthindernis erfolgreich beseitigt und kann sich dem nächsten Hindernis zuwenden, um den Prozess noch weiter zu optimieren. Der nächste PDCA-Zyklus kann beginnen – auf einem höheren Ausgangsniveau.

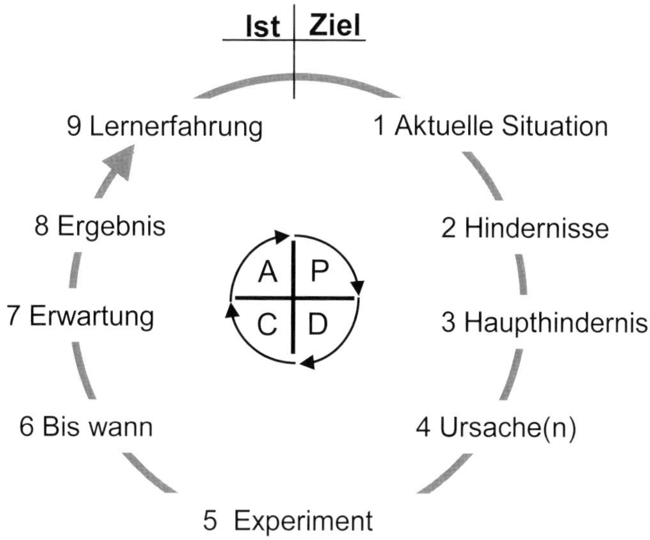

Bild 4-11: Der PDCA-Zyklus am Beispiel

Mit Konsequenz zur Exzellenz

In Unternehmen, die Lean oder SYNCHRO erfolgreich betreiben, gehört die Anwendung des PDCA-Zyklus zur Routine. Routine wiederum ist eine Folge von Konsequenz. Nicht umsonst taucht der Begriff „konsequentes Problemlösen" auch im SYNCHRO-Haus auf. Sachlogisch befinden wir uns bereits im Übergang von der Management-Exzellenz zur Verhaltens-Exzellenz.

Konsequenz gehört eigentlich zu beiden Bereichen. Konsequenz im Führen und Steuern ist ebenso bedeutsam wie das Verhaltensmuster, Probleme konsequent zu lösen. Dazu gehört eben auch die Disziplin, den PDCA-Zyklus immer sorgfältig zu durchlaufen und nicht zu versuchen, eine Lösung aus dem Hut zu zaubern. Nicht selten besteht eine vermeintliche Lösung darin, bei Störungen einen Experten anzurufen, von dem man sich schnelle Hilfe verspricht. Wer diesem Reflex nicht folgt, sondern versucht, eine eigene Lösung zu erarbeiten, muss sein Verhalten ändern.

Nun lautet ein häufig gehörter Einwand, die Anwendung des PDCA-Zyklus dauere zu lange und man habe im betrieblichen Alltag einfach zu wenig Zeit. Hier ist zu bemerken, dass auch die wiederholte Anwendung der Methode „Versuch und Irrtum" nicht gerade wenig Zeit kostet. Außerdem entstehen Lösungen, wie gezeigt, nach dem Zufallsprinzip, Lerneffekte bleiben aus. Deshalb gehört es auch zur Konsequenz von Führung, die für eine nachhaltige Problemlösung erforderliche Zeit zur Verfügung zu stellen.

Erfolgsfaktor Vertrauen

Die Arbeit mit Zielzuständen kann nur funktionieren, wenn in einem Unternehmen kein Misstrauen zwischen Führungskräften und Mitarbeitern herrscht. Wer befürchten muss, dass er abgestraft wird, sobald er ein gestecktes Ziel verfehlt, wird darauf achten, dass Ziele gar nicht oder entsprechend niedrig gesteckt sind. Dieses Phänomen ist bekannt und wird in gängigen Führungsseminaren behandelt.

Noch einmal: Wer mit Zielzuständen arbeitet, dringt dabei teilweise in unbekanntes Gelände vor. Die Mitarbeiter werden einer Führungskraft nur folgen, wenn sie keinerlei Zweifel an deren Integrität und der Vertrauenswürdigkeit der Chef-Chefs haben. Dies ist eine Frage von gelebter Kultur und richtigem Verhalten. Wir sind beim nächsten Thema angelangt.

Kapitel 5:

Verhaltens-Exzellenz
Haltungen und Werkzeuge

„Die Diskussion, ob und wie sich Verhalten beeinflussen lässt, ist so alt wie die Psychologie selbst. Teilweise werden hier extreme Positionen vertreten, die jedoch nicht im Einzelnen diskutiert werden sollen. Unsere Quintessenz lautet, dass man Verhalten unter bestimmten Bedingungen und mit den richtigen Strategien bis zu einem gewissen Grad tatsächlich beeinflussen kann."

5.1 Verhalten – Begriffsklärung und Grundsätze

Weiche Themen und harte Begriffe

Mitarbeiter und Führungskräfte mit technischem Hintergrund tun sich oftmals schwer, wenn es um Begriffe wie Verhalten oder Kultur geht. Um die so genannten weichen Themen. Man fürchtet, den sicheren Boden exakter Definitionen zu verlassen und sich in der Beliebigkeit zu verlieren. Deshalb ist es in diesem Kontext besonders wichtig, die zentralen Begriffe richtig herzuleiten und ihre Verwendung logisch zu begründen.

Die Kultur bildet den Rahmen

Peter Drucker wird der Satz zugeschrieben „culture eats strategy for breakfast". Nicht umsonst gehört die Entwicklung einer Kultur zu den *essentiellen* und die Entwicklung einer Strategie zu den *strukturellen* Führungsaufgaben. Schon in den frühen Anfängen von SYNCHRO bzw. Lean hatte man bei TRUMPF und anderen deutschen Produktionsbetrieben das Thema Kultur und Verhalten auf die Agenda gehoben – allerdings eher intuitiv und wenig konkret. In der älteren Darstellung des SYNCHRO-Hauses stand bei den Prinzipien das Schlagwort: „TRUMPF-Kultur Mitarbeitereinbeziehung!" Man ahnt ungefähr, was gemeint ist. Ansonsten handelte es sich um eine reine Ansammlung methoden- und werkzeugorientierter Schlagworte (5A, KVP, Six Sigma, Audits, Wertstromdesign, Takten, Warenhäuser, Kanban, etc.). Uns als Lean-Beratern war intuitiv klar, dass Nachhaltigkeit nur dann sichergestellt werden konnte, wenn sich das Verhalten der Mitarbeiter und Führungskräfte ändern ließe. Wer nur auf Methoden baut, springt zu kurz. Lange Zeit hatten wir jedoch keine wirkliche Antwort, wie das konkret zu bewerkstelligen sei. Deshalb blieb es oft bei Schlagworten und Phrasen.

Ein wesentlicher Meilenstein in unserer Wahrnehmung war das Buch von Mike Rother über die „Toyota Kata" (Rother 2013). In diesem Buch und diversen Vorträgen beschrieb Rother den Sachverhalt, dass wir im Rahmen des Lean Management hauptsächlich darauf bedacht waren, sichtbare Methoden und Werkzeuge von Toyota zu kopieren. Dabei wurde das dem Erfolg und der Entwicklungsgeschichte der methodischen Ansätze zugrunde liegende kulturelle Verständnis und Verhalten zumeist übersehen. Eine bekannte Visualisierung dieser Erkenntnis zeigt einen Eisberg, bei dem die Methoden sichtbar über – Aspekte wie Kultur und Verhalten jedoch unsichtbar unter Wasser liegen.

In der Beratungspraxis hat es sich oft so dargestellt, dass wir einige vermeintliche „Betonköpfe" in den Betrieben offenbar nicht dazu bringen konnten, die (aus unserer Sicht) so eindeutig richtigen methodischen Vorschläge anzunehmen und umzusetzen. Immer wieder stießen wir auf Widerstände, für die wir uns neue Strategien überlegten, wie diese zu brechen wären. Ein fundamentaler Irrtum: Schuld an der fehlenden Akzeptanz und Nachhaltigkeit waren nicht die „Betonköpfe“, sondern die Art und Weise, wie wir versucht haben, die neuen Ansätze und Konzepte an die Leute zu bringen. Was nicht heißt, dass es in vielen Betrieben nicht auch ein paar „Betonköpfe“ gäbe...

Wir haben schon an mehreren Stellen darauf hingewiesen, dass methodische und strukturelle Bemühungen nur bedingt erfolgreich sind, wenn die kulturelle Komponente Lücken und Schwächen aufweist. Sehr deutlich wird das bei dem Kernprinzip des Lean Management, Transparenz zu erzeugen. Noch einmal zur Wiederholung: Eine Reihe methodischer und struktureller Ansätze erfüllt den Zweck, die aktuelle Situation der Organisation für die Führungskräfte erkennbar und nachvollziehbar zu machen. Doch geht es in Summe nicht nur darum, Abweichungen und Fehler zu sehen – bis zu einem gewissen Grad werden Abweichungen ja sogar provoziert, um Futter für den Kontinuierlichen Verbesserungsprozess zu bekommen.

Entscheidend ist, wie man mit dem Erkannten umgeht.

Der „Frame of Reference“

Eine Organisation mit ihren vielfältigen Prozessen ist kein gesichtsloses, abstraktes, rein funktionales Gebilde, in dem nur rein sachlogische Naturgesetze gelten. Vielmehr ist eine Organisation ein lebendiger Organismus, der in erster Linie aus einer Komposition einzelner Individuen besteht. Zudem erweist sich der Glaube an die Existenz eines ausschließlich am Eigennutz orientierten Homo Oeconomicus als ein gefährlicher Irrglaube. Die Individuen und einzelne, im besten Falle sogar homogene Gruppen, die in Summe ein Unternehmen ausmachen, haben alle einen individuellen Bezugsrahmen, den „Frame of Reference“. Dieser Bezugsrahmen beinhaltet eine (real existierende und nicht nur auf Papier geschriebene) Wertevorstellung. Hinzu kommen Grundüberzeugungen (Basic Beliefs), individuelle Bedürfnisse, Ängste und persönliche Ziele. Der Bezugsrahmen zeichnet sich ferner durch eine selektive und vor allem subjektive Wahrnehmung aus. Diese wird geprägt durch den sozio-kulturellen und den familiären Hintergrund des Einzelnen, durch persönliche Erfahrungen, bestimmte Vorlieben und nicht zuletzt durch eine oft schwankende Tagesverfassung. Kurz: es menschelt.

Wer eine Organisation verändern will, muss in erster Linie verstehen, wie der Bezugsrahmen aussieht und inwieweit die strukturellen, prozessualen und organisatorischen Veränderungen und Anforderungen auf diesen Bezugsrahmen wirken. Eingriffe mögen sachlogisch richtig sein, können aber dennoch schaden. Dabei ist auch die Reputation und Glaubwürdigkeit derjenigen, die ein solches System in die gewünschte Richtung verändern wollen, von erheblichem Einfluss. Diese Betrachtung führt zu der naheliegenden Erkenntnis, dass die Kultur eines Unternehmens in erster Linie durch das Verhalten der Führungskräfte geprägt wird.

Sind diese Zusammenhänge verstanden, wird man sich kaum darüber wundern, dass es in einer Organisation verständliche und begründbare Widerstände gegen Veränderungen gibt. Ein Montageleiter, der in seinem Betrieb 25 Jahre lang dafür gesorgt hat, dass die gefertigten Produkte immer einigermaßen pünktlich und mit guter Qualität den Hof verlassen haben, wird nicht auf jede Neuerung anspringen, die ihm frisch diplomierte Consulting-Grünschnäbel auftischen. Vielleicht ist er vom sozio-kulturellen Hintergrund so geprägt, dass er das Senioritätsprinzip gewohnt ist, vielleicht weichen seine Grundüberzeugungen von den neuen Konzepten ab. Motto: „So und nicht anders organisiert man eine Montage!" Vielleicht hat er schon mit anderen Beratungen gearbeitet und schlechte Erfahrungen gemacht: „Da kamen schon mal solche… das hat alles nicht funktioniert!" Vielleicht stehen seine individuellen Ziele in Konkurrenz zu den impliziten Zielen einer Lean-Methode: „Mein Bonus hängt von der Stückzahlsteigerung ab und nicht von der Durchlaufzeit!"

Die genannten Beispiele lassen erahnen, wie wichtig – aber auch wie schwierig – das Entwickeln der richtigen Kultur im Rahmen eines dynamischen Lean Management-Systems ist. Wir werden diesen Punkt, wie man eine Veränderung durch interne oder externe Berater am besten steuert und begleitet, später noch einmal aufgreifen.

Fassen wir für diese wichtigen Aspekte der Verhaltens-Exzellenz an dieser Stelle noch einmal in Stichworten zusammen:

- Der kulturelle Teil des Lean Management wurde lange vernachlässigt. Im Vordergrund standen methodische Ansätze.
- Der im Lean Management verankerte Anspruch, Transparenz über Abweichung und Fehler zu erzeugen, setzt eine unbedingt positive und konstruktive Fehlerkultur voraus.
- Organisationen sind lebendige Organismen mit Gruppen und Individuen, die einen individuellen Bezugsrahmen haben.
- Führungskräfte und Veränderungsmanager müssen diesen Bezugsrahmen verstehen. Und sie müssen verstehen, wie Veränderungen auf diesen Bezugsrahmen wirken.
- Das tatsächliche Verhalten der Führungskräfte ist wesentlich prägend für die Kultur des Unternehmens.

Was Verhaltens-Exzellenz heißt

Im Fundament des SYNCHRO-Hauses steht der Begriff Verhaltens-Exzellenz. Heißt: Wir erwarten exzellentes, professionelles Verhalten von unseren Mitarbeitern und Führungskräften. Der Begriff Professionalität taucht im SYNCHRO-Haus zwar nicht explizit auf, ist aber tief im Beratungsansatz der SYNCHRO Consulting verankert und somit implizit vorhanden. Professionalität und professionelle Leistung kann durch zwei Komponenten definiert werden. Erstens durch Fähigkeiten, die über handwerkliches Können und Erfahrung definiert sind und zweitens durch Haltungen.

In den nachfolgenden Abschnitten werden zunächst die generischen professionellen Haltungen, nämlich Verantwortung, Respekt, Integrität und Gewissenhaftigkeit erläutert. Diese Haltungen sind universell und gelten unabhängig von SYNCHRO. Anschließend werden diese generischen Haltungen mit den Shopfloor-nahen und für SYNCHRO spezifischen Verhaltensgrundsätzen in Zusammenhang gebracht. Gemeint ist „konsequentes Problemlösen“, „Verschwendung erkennen und beseitigen“ sowie „Menschen auf allen Ebenen weiterentwickeln“.

Verantwortung als professionelle Grundhaltung

Verantwortung zu übernehmen bedeutet die verbindliche Sorge für jemanden oder für eine Sache. Dies wird als asymmetrische Beziehung beschrieben, als eine Art Stellvertretung und ist damit eine Kompensation von Schwächen oder Defiziten des Gegenübers. Eine solche asymmetrische Beziehungsform findet man z.B. im klassischen Verhältnis zwischen Eltern und Kind. Vergleichbare Asymmetrien können auch zwischen Führungskraft und Mitarbeiter, zwischen Berater und Klient, zwischen Projektleiter und Projektteam, aber auch zwischen Kollegen auf gleicher Augenhöhe auftreten. Die Asymmetrie kann grundsätzlich wechselseitig sein – zwei Menschen übernehmen gegenseitig Verantwortung, indem sie jeweils eigene Stärken einsetzen, um Defizite und Schwächen beim anderen zu kompensieren und umgekehrt. Diese Kompensation von Defiziten ist die notwendige Bedingung für die Übernahme von Verantwortung.

Die hinreichende Bedingung ist die Befähigung des Gegenübers. Nur wenn ich bereit bin, mein Kind, mein Projekt, meinen Klienten, meinen Mitarbeiter in Richtung Eigenverantwortung und Selbstständigkeit zu führen, übernehme ich vollständige Verantwortung. Tue ich das nicht und lasse ihn oder es unselbstständig, um weiterhin Defizite kompensieren zu können, handle ich verantwortungslos und anmaßend.

Die notwendige Bedingung, die Kompensation von Defiziten, kann mit einer tatsächlichen Stellvertreterrolle verknüpft sein. Das bedeutet auch, dass man selbst angreifbar wird. Noch einen Schritt weiter gedacht, setzt Verantwortung Schuldfähigkeit voraus. Wer Verantwortung übernimmt, muss sich also immer fragen, welche Verantwortung er wirklich übernehmen kann und welche nicht. Dafür benötigt man Realismus, ein tiefes Verständnis der Zusammenhänge und nicht zuletzt einen nüchternen Blick auf die Person oder die Sache.

Voraussetzung für die Erfüllung der hinreichenden Bedingung ist, sich auf die Person oder auf die Sache einzulassen. Nur so wird dem Gegenüber selbstständiges Handeln möglich. Dafür muss man wiederum bereit sein, sich zu öffnen, und benötigt dazu eine intrinsische Angstfreiheit, da man selbst bis zu einem gewissen Grad angreifbar und verletzlich wird.

Respekt

Respekt leitet sich aus den Worten *Re* für Rück und *Spectus* für Sehen her. Wörtlich übersetzt hieße das Rückschau oder auch Rücksicht. Freier übersetzt meint es die Wahrnehmung des Gegenübers als eigenständiges Individuum.

Integrität

Das lateinische Wort *Integritas* bedeutet unversehrt, intakt oder auch vollständig und beschreibt im weiteren Sinne eine moralische Unversehrtheit. Das Gegenteil der Integrität ist die Korruption (Lateinisch für Verdorbenheit), die frei übersetzt die Optimierung des Eigeninteresses bedeutet. Die Integrität impliziert demnach, dass der Mitarbeiter sein Eigeninteresse hinter das „große Ganze" zurückstellt.

Gewissenhaftigkeit

Die Gewissenhaftigkeit kann auch als Sorgfalt und Genauigkeit bezeichnet werden. Sie impliziert das Bewusstsein über gut und böse oder über richtig und falsch. Gewissenhaftigkeit setzt aber auch die Fähigkeit voraus, auf die innere Stimme zu hören, da sich das Gewissen typischerweise nur bei Widerspruch meldet. Gewissenhaftigkeit setzt voraus, dass man sich inhaltlich auf eine Sache einlässt, da man nur bei inhaltlicher Tiefe richtig und falsch unterscheiden kann. Das bedeutet aber auch, dass man sich emotional auf eine Sache einlässt. Man erkennt vielleicht, was richtig und was falsch ist, aber es ist einem egal. Man zuckt die Achseln und schaut weg.

Wie man Verhalten ändert – und wie eher nicht

Die Diskussion, ob und wie sich Verhalten beeinflussen lässt, ist so alt wie die Psychologie selbst. Teilweise werden hier extreme Positionen vertreten, die jedoch nicht im Einzelnen diskutiert werden sollen. Unsere Quintessenz lautet, dass man Verhalten unter bestimmten Bedingungen und mit den richtigen Strategien bis zu einem gewissen Grad tatsächlich beeinflussen kann.

Nähern wir uns diesem schwierigen Thema mit einem Beispiel. Jedermann kennt die Stellen auf deutschen Autobahnen, an denen ein Standard etabliert und deutlich visualisiert ist. Die Rede ist von einer zulässigen Höchstgeschwindigkeit, z.B. 100 km/h, die auf entsprechenden Verkehrsschildern sichtbar gemacht wird. Oftmals wird die Einhaltung solcher Standards auch auditiert – durch die Installation von Radarkontrollen. Auf Basis dieser Audits werden Abweichungen (zumindest nach oben) erkannt, dokumentiert und in Form von Bußen sogar sanktioniert.

In den meisten Fällen wirkt sich das Blitzen der Radarfalle auch direkt auf das Verhalten der Autofahrer aus: Diese treten nämlich unmittelbar nach dem Blitzlicht auf die Bremse oder drosseln ihr Tempo. Zumindest vorübergehend. Eine nachhaltige Verhaltensänderung scheitert jedoch häufig an der inneren Einstellung der meisten Fahrer. Diese tendieren eher dazu, die Schuld bei der Geldgier der Kommunen zu suchen („diese Abzocker"). Die Einsicht in die Sinnhaftigkeit eines Tempolimits von 100 km/h auf einer leeren sechsspurigen Autobahn ist bei vielen Verkehrsteilnehmern jedenfalls eng begrenzt. Zumal bei trockener Straße und freier Sicht.

Autofahrer aus einem unserer südlichen Nachbarländer, ansonsten eher für Gesetzestreue bekannt, lassen gar alle Hemmungen fallen, sobald sie die Grenze überschreiten. Auch drastische Strafandrohung hält sie nicht davon ab, ihr „Formel-1-Gen" auf deutschen Autobahnen so richtig auszuleben.

Anders stellt sich die Sachlage eventuell dar, wenn rund um einen Kindergarten eine „30er-Zone" eingerichtet wird. Hier werden die Autofahrer ihr Verhalten (hoffentlich) aus eigenem Antrieb ändern und das Tempo entsprechend drosseln.

Wie dieses Beispiel zeigt, scheinen Kontrollen und Strafen also nicht der Königsweg zur Verhaltensänderung zu sein. Vielmehr scheint es eine Art „Missing Link der Verhal-

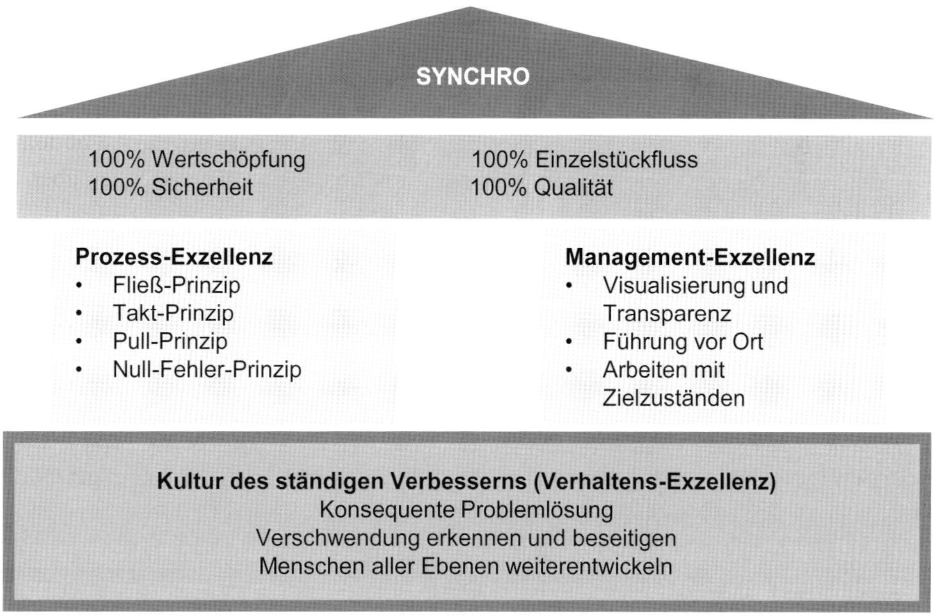

Bild 5-1: Verhaltens-Exzellenz im SYNCHRO-Haus

tensänderung“ zu geben, das in der Mentalität der Menschen verortet ist. Wir werden versuchen, dieser systemischen Lücke auf den Grund zu gehen. Um es vorweg zu nehmen: Es geht dabei um Dinge wie Akzeptanz, Überzeugung und eigenes Wollen. Der Weg zur Verhaltens-Exzellenz führt nur über diese mentalen Einstellungen – wie vor dem Hintergrund zweier SYNCHRO-Handlungsfelder gezeigt werden soll. Die Rede ist von „konsequenter Problemlösung“ einerseits und dem „Erkennen und Beseitigen von Verschwendung“ andererseits.

5.2 Probleme konsequent lösen

Eine Einordnung

Wir hatten gesagt, dass konsequentes Lösen von Problemen eigentlich noch zur Management-Exzellenz gehören könnte, aber bereits in den Bereich der Verhaltens-Exzellenz hineinreicht. Das Durchlaufen des Problemlösungsprozesses zeigt vor allem dann die gewünschte Wirkung, wenn die erforderliche Konsequenz allen Beteiligten buchstäblich in Fleisch und Blut übergegangen ist. Was das Thema eindeutig zu einer Verhaltensfrage macht: Zunächst ist dies die Ausführlichkeit und Tiefe, die im 9-stufigen PDCA angewendet wird. Hinzu kommt die Sorgfalt, die notwendig ist, um diese Schritte konsequent durchzuführen – also beispielsweise nicht zu schnell zur Lösung zu springen oder nicht an mehreren Stellhebeln gleichzeitig zu drehen.

Wenn wir den Begriff Konsequentes Problemlösen verwenden, ist es angemessen, noch einmal näher auf den Problembegriff selbst einzugehen. Man kann ein Problem ganz einfach damit beschreiben, dass man einen gewünschten Zielzustand nicht auf herkömmliche und konventionelle Weise erreichen kann, dafür also noch keine erprobte Lösung kennt. Diese Sichtweise stützt unser Verständnis davon, dass ein Zielzustand erstens lösungsfrei sein muss und dass zweitens eine Lösung zum Erreichen des Zielzustands nicht bekannt ist. Die Lücke zwischen dem Ist und dem Ziel kann also als Problem beschrieben werden.

Nun wollen wir aber noch eine Stufe tiefer gehen. Der Management-Berater und erfolgreiche Buchautor Niels Pfläging beschreibt sehr eindrücklich, dass in der Arbeitswelt die meisten Dinge, die wir als Probleme bezeichnen, eigentlich Symptome sind (Pfläging 2015). Symptome beschreiben das sichtbare Phänomen eines Problems. In unserem 9-stufigen PDCA nennen wir das Hindernisse, die wir als beobachtbar beschreiben. Es ist relativ leicht, diese Hindernisse zu benennen. Schwerer wird es, die dahinterliegende Ursache zu finden.

Das bringt uns aber zu dem Punkt, dass ein Problem insgesamt aus mehreren Elementen besteht. Es ist wichtig, die Symptome zu kennen. In der Medizin grenzt die Beobachtung der Symptome, die häufig kombiniert auftreten, die Suche nach der Ursache ein.

Die Elemente eines Problems lassen sich anhand einer Analogie gut erklären: einer Lawine. Das beobachtbare Phänomen ist die Schneemasse, die sich einen Berg hinunter in Richtung Tal bewegt. Ein Symptom wäre das hörbare Grollen der rutschenden Schneemassen. Das wäre aber noch kein echtes Problem, wenn sich im Tal eine freie Fläche befände oder ein zugefrorener Gebirgssee. Befindet sich im Tal allerdings eine Ansiedlung, bekommt das Phänomen eine andere Qualität. Es wird zum „echten" Problem. Entsprechend ist zur vollständigen Beschreibung eines Problems also dessen Auswirkung wichtig. Anders gesagt: Die Auswirkung macht die Bedeutung des Problems. Das dritte Element ist natürlich die Ursache des Problems, in unserer Analogie z.B. der fehlende Schutzwald aufgrund von Umwelteinflüssen oder durch die Rodung zum Bau neuer Skipisten. Aus dieser Sicht könnte man das Roden des Bergwaldes als Fehl*verhalten* interpretieren, das auch einem Mangel an Wissen um die Zusammenhänge oder mangelnder Professionalität entspringt.

Professionelles Verhalten und Routine

Erinnern wir uns an die Definition von Professionalität. Diese bestimmt sich aus der notwendigen Komponente, bestimmte Fähigkeiten zu besitzen sowie aus der hinreichenden Komponente, die entsprechenden Haltungen einzunehmen. Die notwendige Bedingung für konsequentes Problemlösen ist also die „handwerkliche" Methodik, die Technik, die bereits beschrieben wurde. Diese systematische Vorgehensweise kann geübt und trainiert werden, damit sie zu einer Routine wird.

Aus der Hirnforschung wissen wir, dass Routinen helfen, die Energieeffizienz im Gehirn zu verbessern. Man hat erkannt, dass ungewohnte Handlungen in der Großhirnrinde ablaufen, im Arbeitsgedächtnis, wo die Ressourcen begrenzt und störanfällig sind. Gewohnte Handlungen benötigen dagegen weniger Stoffwechselenergie und anderen neuronalen Aufwand. Routinen haben einen nachweislichen Einfluss auf den hormonellen Haushalt und somit auf das Wohlbefinden des Menschen. Das Gehirn liebt Routinehandlungen und belohnt diese durch Ausschüttung körpereigener Belohnungsstoffe. Zudem verbessern Routinehandlungen das Sicherheitsgefühl (vgl. z.B. Hüther 2015).

Würden wir Verhaltensänderungen aber ausschließlich durch permanente Routinen, also durch reine Konditionierung, herbeiführen, wäre das respektlos gegenüber den Mitarbeitern. Überspitzt gesagt würden wir diesen den freien Willen und die Individualität absprechen. Vielmehr können wir unterstellen, dass die Mitarbeiter bereit sind, sich bewusst professionell zu verhalten. Erst auf dieser Basis sollten wir über gezieltes

Training Routinen erarbeiten, die dazu beitragen, professionelle Leistung unabhängig von der Tagesform abrufen zu können. Bereits die Bereitschaft, eine Routine zu erlernen, ist Teil der professionellen Haltung. Das Erwerben einer Routine benötigt regelmäßiges und dauerhaftes Üben, verbunden mit der Bereitschaft, eine neue Technik auszuprobieren. Diese Technik kann zu Beginn sogar zu Leistungseinbußen führen, wie ein Beispiel aus dem Sport belegt.

Eine neue Technik lernen – und schlechter werden

Tennis und Squash sind einander auf den ersten Blick ziemlich ähnlich. Bei beiden Sportarten schlagen Menschen einen Ball mit einem netzbespannten Schläger. Lassen sich versierte Squash-Spieler zu einem Tennismatch überreden, könnten sie, abhängig von der Leistungsstärke des Gegners, vielleicht sogar gewinnen. Ihre Technik, die Bälle aus dem Handgelenk zu spielen und mit einem bestimmten „Dreh" zu versehen, würde echten Tennisexperten allerdings Tränen in die Augen treiben.

Wer ernsthaft vom Squash zum Tennis wechseln will, muss eine völlig neue Technik erlernen, bei der mit steifem Arm, aus Rumpf und Schulter heraus, geschlagen wird. Ein guter Tennislehrer achtet peinlich genau auf die Körperhaltung des „Umschülers". Auch wenn dessen Schläge trotz vorbildlicher technischer Ausführung zu einer aufwändigen Ballsuche hinter dem Fangnetz führen. Es kann als sicher gelten, dass ein frisch auf Tennis umgeschulter Squash-Crack mit der neuen Technik für längere Zeit jedes Spiel verlieren wird.

Dennoch ist es richtig, die neue Technik zur Routine werden zu lassen, bevor sich die Treffsicherheit wieder einstellt. Ein simpler Grund ist nicht nur die Gesundheit des Spielers. Gelenkentzündungen bzw. Tennisarme sind schmerzhaft und können zu erheblichen Langzeitschäden führen. Es ist darüber hinaus auch die Tatsache, dass die Anwendung der falschen Technik die Möglichkeiten der Leistungssteigerung auf lange Zeit deutlich limitiert. Im Vorgriff auf das Thema Coaching lässt sich ferner sagen, dass die Beachtung der richtigen Technik wichtiger ist als der eine oder andere gewonnene Ball. Der Coach schaut gerade zu Beginn nicht darauf, wohin der Ball fliegt, sondern auf den Spieler… Dafür benötigt man Vertrauen in die Fähigkeiten des Coaches und einen langen Atem.

Echte Verbesserung, die nicht dem Zufall entspringt, gelingt nur durch Übung, durch wirkliche Lernerfahrung. Dieses Lernen braucht in einem Unternehmen Zeit und Ort. Es gehört deshalb auch zum exzellenten Führungsverhalten, solche Lernorte zu schaffen. Von dem Neurobiologen Gerhard Roth wissen wir, dass es das Schwerste für das menschliche Gehirn ist, eine alte Gewohnheit durch eine neue zu ersetzen. Im oben genannten Beispiel musste der Squash-Spieler eine alte, durchaus erfolgreiche Technik durch eine neue ersetzen. Und nicht nur, dass das enorm schwierig ist, er verliert zunächst sogar an Leistung. Darüber hinaus lässt sich ein System, das permanent unter Druck steht, nur unter großen Schwierigkeiten verändern. Übertragen auf das Beispiel hieße das, den squashversierten Tennisneuling nach wenigen Trainerstunden sofort ein wichtiges Turnier spielen zu lassen. Neben der Frustration wäre vor allem auch die Wahrscheinlichkeit sehr groß, dass er in bekannte und vertraute Handlungs- und Bewegungsmuster zurückfallen würde – auch dies spricht dafür, dem Lernen Zeiten und Orte einzuräumen. Doch davon später mehr.

Problemlösung heißt auch Verantwortung

In Summe erkennen wir, dass die hinreichende Bedingung für konsequente Problemlösung die zugrundeliegende Haltung ist – womit, anders als im obigen Beispiel, nicht primär die Körperhaltung gemeint ist. Wie aber wirkt sich das konkret auf die zentrale Grundhaltung „Verantwortung“ aus? In dem Moment, in dem ich als Problemlöser ein Problem annehme, übernehme ich automatisch Verantwortung für dessen Lösung. Sollte ich weder Zeit noch Lust, weder den Willen noch die Fähigkeit haben, das Problem konsequent, also bis zur Eliminierung der Ursache, zu lösen, muss ich es abgeben. Ich handle auch erst dann wirklich verantwortlich, wenn ich sicherstelle, dass das Problem nicht wieder auftritt. Ein Problemlöser, der sich nur durch „Quick Fixes“ als Troubleshooter positioniert, sich dafür vielleicht sogar unentbehrlich macht, handelt demnach auch verantwortungslos. Sein Verhalten zielt nicht darauf ab, sich letztlich als Problemlöser überflüssig zu machen. Das gilt auch dann, wenn der „ewige Kümmerer“ immer wieder den gefühlten GAU abwendet und am Tagesende als Held dasteht, der die Produktion vor dem Untergang bewahrt hat. Etwas überspitzt formuliert.

Problemlösung und Respekt

Auch die Haltung Respekt zeigt sich im konsequenten Problemlösen. Als Führungskraft muss ich sicherstellen, dass ein Problem nicht nur in meinem eigenen Verantwortungsbereich gelöst ist. Ich muss zudem Sorge tragen, dass es keine negativen Auswirkungen auf andere Bereiche hat. Respekt zeigt sich auch im angemessenen Umgang mit dem Problemverursacher. Nur wenn dieser nicht als „Schuldiger“ an den Pranger gestellt wird, wird es uns möglich sein, die notwendige Fehlerkultur zu erzeugen, bei der Mitarbeiter sich trauen, Fehler offenzulegen. Uns ist bewusst, dass motivierte Problemlöser große Freude daran haben, einem Problem bis auf den Grund zu gehen und dabei, sachlogisch durchaus richtig, jeden Stein umdrehen und so auf allerhand Versäumnisse und Fehlverhalten stoßen. Hier läuft man natürlich Gefahr, diejenigen vor den Kopf zu stoßen, die den Fehler verursacht haben – auch wenn niemand persönlich an den Pranger gestellt wird. Vor allzu großer (Über-)Motivation und zu nüchterner wissenschaftlicher Neugier ist vor diesem Hintergrund zu warnen. Eine respektvolle Behutsamkeit und ein gehöriges Maß an Empathie sind immer angebracht. Man kann das dafür notwendige Fingerspitzengefühl am Beispiel eines Arztes deutlich machen, der sein wissenschaftliches Interesse an einem schweren Befund bei der Patientenbesprechung sicherlich zurückstellt. Aus Respekt.

Zum Thema Respekt gehört auch, auf Einschätzungen wie die folgenden zu verzichten: „War ja klar, dass das jetzt funktioniert!" oder „Warum nicht gleich so?" Bei solchen Aussagen schwingt immer die Lesart mit, die Mitarbeiter seien schlicht nicht in der Lage gewesen, die richtige Lösung früher zu finden.

Bei der Problemlösung integer bleiben

Integer verhalten wir uns in der konsequenten Problemlösung dann, wenn wir ein Problem bis zur Ursache weiter verfolgen – auch wenn wir auf halbem Wege festgestellt haben, dass das Problem eigentlich einen anderen Bereich betrifft. Oder wenn zwischenzeitlich ein neues Problem auftaucht, dessen Lösung mehr Prestige verspricht. Wenn wir als Problemlöser eine Aufgabe angenommen haben, bringen wir sie auch zu Ende. Ein integrer Problemlöser sucht sich nicht ausgerechnet die Probleme aus, die ihn am ehesten glänzen lassen, bei denen er am meisten Aufmerksamkeit als Problemlöser erzielen kann. Der integre Problemlöser geht an das Problem, das dem Bereich im Augenblick die meisten Schwierigkeiten macht. Auch wenn das bedeutet, dass er eventuell daran scheitert oder unpopuläre Maßnahmen vorschlagen muss.

Probleme gewissenhaft lösen

Die Gewissenhaftigkeit ist der Schlüssel dafür, dass wir uns die Mühe machen, die neun Stufen im PDCA Schritt für Schritt zu durchlaufen. Da wir nicht nur inhaltlich tief mit der Sache verbunden sind, sondern das Problem auch emotional angenommen haben, wird sich bei einem gewissenhaften Menschen das Gewissen melden, sollte man plötzlich aus Bequemlichkeit anfangen, unsauber zu arbeiten. Die Verlockungen sind mannigfaltig: Auf Lösungen springen, die woanders schon funktioniert haben. Symptome behandeln, ohne die Ursache aufgespürt zu haben...

Kehren wir abschließend noch einmal zurück zum SYNCHRO-Haus: Die Architekten des Gebäudes legten zu Recht großen Wert auf die Verhaltensweise konsequenten Problemlösens. Den Dingen immer wieder auf den Grund gehen, Problemursachen nachhaltig beseitigen – solches Verhalten gilt nicht nur für einen Maschinenbauer als exzellent, sondern ist in Zeiten eines globalen Wettbewerbs zu einer Überlebensfrage geworden.

Für Unternehmen aller Branchen.

5.3 Verschwendung erkennen und beseitigen

Verschwendung als Problem

SYNCHRO ist ein System mit zahlreichen Teilsystemen, Elementen und Methoden. Diese sind nicht immer völlig überschneidungsfrei. So erfüllt das konsequente Lösen von Problemen vor allem den Zweck, Verschwendung zu eliminieren. Wie Sie gesehen haben, dient dazu insbesondere der PDCA-Zyklus, der wiederum in das übergreifende System des Führens vor Ort (oder Shopfloor Management) eingebettet ist. Dennoch ist es richtig und wichtig, dem Thema Verschwendung in diesem Buch einen eigenen Abschnitt zu widmen. Der Kampf gegen die Verschwendung ist kein rein „systemisches" Ansinnen von Lean oder SYNCHRO, sondern gehört zum normalen Arbeitsalltag. Das Ziel ist, nicht nur methodische Zugänge zu schaffen, sondern dafür Sorge zu tragen, dass das Beseitigen von Verschwendung jedermann im Unternehmen in Fleisch und Blut übergeht. Ein Exkurs.

Notwendige und hinreichende Bedingungen

Im Idealfall wissen wir, was Verschwendung ist, wir haben Transparenz aufgebaut, um Abweichungen zu erkennen, und wir haben begonnen, mit Zielzuständen zu arbeiten. All dies sind technisch-methodische Voraussetzungen, um Verschwendung erfolgreich erkennen und beseitigen zu können. Man spricht hier auch von *notwendigen Bedingungen*.

Diese Voraussetzungen reichen allerdings nicht aus. Lapidar gesagt: Man muss auch wollen. Angesprochen ist das richtige Mindset, die innere Überzeugung, der Verschwendung tatsächlich zu Leibe zu rücken. Die Rede ist von den so genannten *hinreichenden Bedingungen.* Verhaltens-Exzellenz setzt voraus, dass beide Bedingungen erfüllt sind.

Etwas vereinfacht und auf unseren Zusammenhang übertragen, kann man definieren: Die Erfüllung notwendiger Bedingungen ist für den Erfolg der Verschwendungsjagd zwingend, reicht aber für deren Nachhaltigkeit nicht aus. Dazu ist die zusätzliche Erfüllung der hinreichenden Bedingungen erforderlich.

Mit der Beobachtung, dass exzellentes Verhalten auch hinreichende Bedingungen voraussetzt, stoßen wir wiederum auf die bereits bekannte Erkenntnis: Man muss die notwendigen Verhaltensänderungen wollen. Und man muss das Ziel der Veränderung für sich selbst und seine Arbeit akzeptieren.

Ziele müssen attraktiv sein

In dem Beispiel mit der Verkehrsüberwachung haben wir gesehen, wie schwierig es ist, Menschen von einer bestimmten Verhaltensweise zu überzeugen. Immer wieder wird man an der Frage des Einzelnen scheitern, warum er sein Verhalten überhaupt ändern solle. Hintergrund dieser Frage muss keineswegs böser Wille sein – vielmehr kann schlicht ein Ziel- oder Interessenskonflikt vorliegen. Die Politik will den Schadstoffausstoß reduzieren oder Unfälle durch überhöhte Geschwindigkeit verhindern, der Autofahrer will nach der Arbeit so schnell wie möglich nach Hause. Ein klassischer Zielkonflikt. Deshalb geht es bei der Formulierung von Zielen nicht zuletzt um einen Ausgleich widersprüchlicher Interessen (vgl. Bild 5-2).

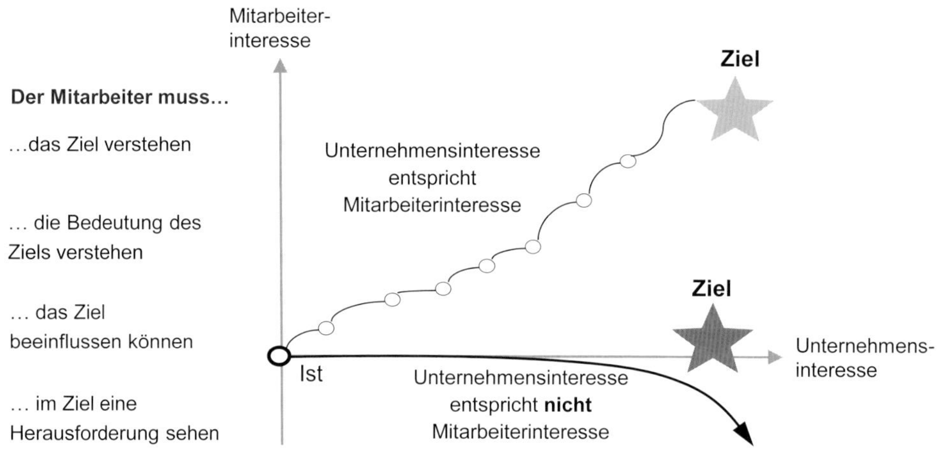

Bild 5-2: Wie Ziele attraktiv werden

Bezogen auf den unternehmerischen Kontext bringt ein ideales Ziel die Interessen des Unternehmens und die Interessen der Mitarbeiter miteinander in Einklang. Damit steigt automatisch die Bereitschaft, die Ziele zu verinnerlichen. Ein erster Schritt hin zum „Wollen", zu einer veränderten Einstellung – und damit in Richtung nachhaltig veränderten Verhaltens.

Zurück zum Thema Verschwendung

Ähnlich wie bei der konsequenten Problemlösung lässt sich auch im Zusammenhang mit der Verschwendung die Frage aufwerfen, warum ausgerechnet diese Themen so eng mit der Verhaltens-Exzellenz verknüpft werden. Für das Thema Verschwendung lässt sich diese Frage aus einer historischen Perspektive heraus beantworten.

Stellen Sie sich vor, in einer nach SYNCHRO-Maßstäben organisierten Fabrik läge an einem Transportweg ein kleineres Werkstück, eine Schraube oder Unterlegscheibe, seitlich und eher unauffällig. Heute ist es selbstverständlich, dass der nächste vorbeikommende Mitarbeiter das Werkstück aufhebt und sich um dessen Verbleib kümmert. Wobei es unerheblich ist, ob es sich bei diesem Mitarbeiter um einen Werker, einen Meister oder den Abteilungsleiter handelt. Das ist erstens aktives Erkennen von Verschwendung und zweitens richtiges Verhalten.

Noch in den 1990er Jahren wäre der Verlauf vermutlich ein völlig anderer gewesen. Die Mehrzahl der Vorübergehenden hätte versucht, das Werkstück zu ignorieren, wäre achselzuckend weitergegangen und hätte dieses Verhalten damit begründet, dass man keine Zeit habe und man sich nicht ständig um Dinge kümmern könne, die einen nichts angehen. Wirklich wahr. So würde sich heute kaum noch jemand verhalten – und zwar aus eigenem Antrieb.

Also hat sich etwas am Verhalten der Leute geändert – in den Köpfen ist etwas passiert, das die Beseitigung erkannter Verschwendung zum Automatismus werden lässt. Am Beispiel der Verschwendung kann man diese Verhaltensänderung sogar sehen: Die Leute kümmern sich. Das ist ein Grund, weshalb sich dieses Thema sehr gut als Beispiel eignet.

Ein kurzes Fazit

Wir haben gesehen, dass sich exzellentes Verhalten weder per Dekret verordnen, noch durch Knopfdruck einschalten und schon gar nicht durch Strafen oder Bußen erzwingen lässt. Vielmehr müssen die notwendigen technisch-methodischen Bedingungen durch die hinreichenden mentalen Bedingungen (Haltungen, Einstellungen) ergänzt werden. Heißt in der Konsequenz: Exzellentes Verhalten muss sich entwickeln oder es muss entwickelt werden. Wir sind beim nächsten Thema angelangt.

5.4 Mitarbeiter auf allen Ebenen weiterentwickeln

Das Verbesserungssystem einführen

Das Führen mit Zielzuständen hat uns in diesem Buch bereits ausführlich beschäftigt. Dennoch wollen wir an dieser Stelle noch einmal daran anknüpfen. Grund: Die Weiterentwicklung der Mitarbeiter setzt an genau dieser Stelle an. Programmatisch geht es hierbei darum, den entsprechenden Führungsprozess anzustoßen und nachhaltig in der Organisation zu verankern.

Das Vorgehen lässt sich anhand einer Betrachtung unterschiedlicher „Einführungs-Horizonte“ anschaulich machen (vgl. Bild 5-3). Konkret sprechen wir von drei inhaltlichen Horizonten, die in zeitlichen Phasen aufeinander folgen. In der ersten Phase – und im ersten Horizont – nehmen wir als interne Berater die Rolle von Coaches ein und beginnen damit, die obersten Führungsebenen zu befähigen. Im Fokus steht die konkrete Arbeit mit einem Zielzustand – und zwar wiederum vor Ort. Dabei begibt sich die Führungskraft direkt an die Wertschöpfung und wendet dort die „handwerkliche“ Methode der Verbesserung an. Ziel ist hier, dass die Führungskräfte unter Anleitung lernen, mit der Verbesserungsmechanik, namentlich dem Arbeiten mit Zielzuständen und dem PDCA-Zyklus, umzugehen. Und zwar nicht, um diese Methoden später ständig selbst anzuwenden, sondern um in der Welt der Kontinuierlichen Verbesserung richtig führen bzw. coachen zu können. Neben den obersten Führungskräften wie Werksleiter oder Leiter von Produktionseinheiten gehören der ersten Lerngruppe auch Team- oder Gruppenleiter an.

Während in der zweiten Phase der Werksleiter und die Leiter der Produktionseinheiten in den zweiten Horizont wechseln, durchläuft ein anderer Teil, nämlich eben die Team- und Gruppenleiter, den ersten Horizont erneut, da sie als zukünftige Anwender der Verbesserungsroutine diese Fähigkeit weiter vertiefen müssen. Die oberen Führungskräfte beginnen, unter Anleitung der Berater, selbst erste Gruppen zu führen. Inhaltlich wird im zweiten Horizont, vereinfacht gesagt, das richtige Coachen gelernt. Wer den zweiten Horizont durchlaufen hat, kann als selbstständiger Coach bezeichnet werden.

In der Folgezeit treten immer neue Personen in den ersten Horizont ein, durchlaufen ihn erneut und/oder wechseln in den zweiten Horizont. Auf diese Weise gelingt es mit einem realistischen Aufwand und einer begrenzten Zahl interner Berater, das Arbeiten mit Zielzuständen – und das Coachen – auch in größeren Organisationseinheiten rollierend einzuführen. Im laufenden Betrieb, wohlgemerkt.

Der dritte Horizont dient dazu, das Führen mit Zielzuständen als System in der Organisation vollständig zu etablieren und zu verankern. Auch hier geht es zunächst um handwerkliche Dinge wie den richtigen Abschluss von Themen, um Quartalsworkshops oder um das Thema Zielentfaltung (Policy Deployment). In dieser Phase wird Vertretern jeder Führungsebene vermittelt, welche Rolle sie wie übernehmen müssen, um das System dauerhaft am Leben zu erhalten. Dabei findet ein so genanntes „Second Coaching“ statt, bei dem der eigentliche Coach in der Ausübung seiner Tätigkeit von einer Art Meta-Coach unterstützt wird. Diese Rolle fällt in aller Regel dem Werksleiter zu.

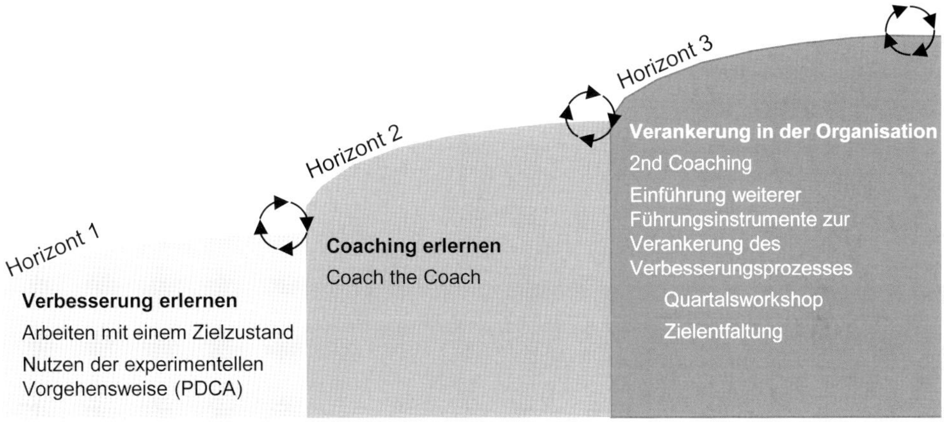

Bild 5-3: Verbesserung nachhaltig einführen

In Beratung und Praxis haben sich mehrere ähnliche Modelle zur Einführung des Verbesserungssystems etabliert, die sich, je nach Umgebung und Anspruch, mehr oder weniger stark voneinander unterscheiden. Während teilweise von der Einführung eines Managementsystems gesprochen wird, konzentrieren wir uns auf das Thema Verbesserung mit all seinen Facetten. Dabei haben wir die Erfahrung gemacht, dass die Einführung fast reibungslos gelingt, wenn sich die oberen Führungskräfte auch wirklich auf den Prozess einlassen. Dahinter steckt die Philosophie, dass nur derjenige ein erfolgreicher Coach werden kann, der Verbesserungsprozesse selbst durchlaufen und „gelebt“ hat. Dass diese Anforderung keineswegs trivial ist, ergibt sich schon durch die Tatsache, dass die einzelnen Phasen der Ausbildung mehrere Monate dauern und sich nicht auf ein Management-Seminar beschränken. Für einen Werksleiter gehört schon etwas dazu, sich diesem Prozess zu stellen, zu dem auch die Arbeit mit den methodischen Grundlagen von SYNCHRO gehört.

Stichwort Coaching: Was die meisten der angesprochenen Modelle gemeinsam haben, ist die Bedeutung des Coaching für die Weiterentwicklung der Mitarbeiter auf allen Ebenen. Wir sind beim nächsten Thema angelangt.

Coach the Coach

Die wichtigen Begriffe kennen

Erneut kommen wir um eine kurze Begriffsklärung nicht herum und erneut begegnet uns zunächst die Arbeit mit Zielzuständen, von Mike Rother auch als Kata bezeichnet. Ein aktiver Sprecher des Japanischen hat uns übrigens versichert, dass „Kata" für einen Techniker die Bedeutung von „Form" hat, was ebenso gut zur Begriffsverwendung passt wie die von Rother gewählte Analogie aus dem Kampfsport. Das für TRUMPF wichtige Arbeiten mit Zielzuständen ist vom Kata-Begriff inspiriert, entspricht diesem jedoch nicht zu hundert Prozent.

Coach, der zweite Basisbegriff, leitet sich aus dem englischen Wort für Kutsche ab und bezeichnet zudem ein geschlossenes Gefährt für Reisende, im heutigen Sprachgebrauch also beispielsweise einen Omnibus. Dieses Bild ist insofern zutreffend, als der Coach, der Kutscher oder Fahrer, im gleichen Raum sitzt wie seine Passagiere. Dieser geschlossene Raum schafft eine Sphäre des Vertrauens – die Passagiere vertrauen den Fähigkeiten des Fahrers, den Bus sicher zu lenken und der Fahrer vertraut darauf, dass die Reisenden während der Fahrt keine Polonaise veranstalten. Zum Beispiel. Eine vergleichbare Atmosphäre des Vertrauens und der Vertraulichkeit ist auch in dem Coaching-Umfeld wichtig, von dem wir hier sprechen. Aber zunächst zurück zur Wortbedeutung.

Im 19. Jahrhundert erfuhr der Begriff einen Bedeutungswandel bzw. wurde auf andere Kontexte übertragen. Im Bildungswesen bezeichnete ein Coach einen privaten Tutor für Studenten, und im Sport ist der Coach bis heute ein anderer Begriff für den Trainer.

Auf den Punkt gebracht umfasst Coaching „das Anleiten und Feedback geben, bezogen auf spezifisches Wissen und Fähigkeiten, die mit einer Aufgabe verbunden sind" (vgl. Bass 2008, S. 1021).

In unseren Veranstaltungen zum Coaching stellen wir immer wieder die Frage nach dem Verständnis, das die Teilnehmer von dem Thema haben. Auf diese Weise entsteht eine Liste der Erwartungen, die an einen guten Coach gestellt werden. Das Spektrum reicht von der Rolle als Inspirator, Motivator, Richtungsweiser, Feedbackgeber, Tempomacher bis hin zur Übernahme von Verantwortung für das Ergebnis, das Vermitteln von Methoden oder das Schaffen einer guten Arbeitsatmosphäre.

Kurz gesagt: Die Erwartungen an einen Coach sind hoch.

Coaching als tägliche Führungsaufgabe

Die operative Führung im Unternehmen lässt sich in drei Teilaufgaben gliedern. Hier ist zunächst das Managen zu nennen, das oftmals fälschlicherweise mit Führung gleichgesetzt wird. Hierunter werden die eher technischen Dinge wie delegieren, organisieren, entscheiden, kontrollieren usw. subsummiert. Ein zweiter wichtiger Aspekt ist das Beraten. Meint: Die Führungskraft steht den Mitarbeitern mit eigener fachlicher und methodischer Expertise zur Seite. Das Coachen schließlich meint, grob umrissen, eine Hilfe zur Selbsthilfe. Diese beginnt mit der Frage nach dem Ziel und danach, was die Mitarbeiter hindert, dieses Ziel zu erreichen.

Diese Dreiteilung ist zugegebenermaßen relativ grob, man könnte beispielsweise die Aufgabe eines (Methoden-) Trainers noch hinzunehmen. Außerdem sind die Übergänge zwischen den Aufgaben in der täglichen Führungspraxis fließend, man muss als Führender in raschem Wechsel unterschiedliche Rollen mit den dazugehörigen Aufgaben einnehmen.

Das klassische Führungsverständnis stellt eher die manageriale Rolle in den Vordergrund, erst allmählich setzt sich die Erkenntnis durch, dass man in einem jährlichen Mitarbeitergespräch kaum Hilfe zur Selbsthilfe geben kann. Vor allem aber muss Coaching mit all seinen Facetten zu einer neuen Routine werden.

Eine neue Routine lernen

Dem Nobelpreisträger Albert Einstein wird folgender Satz zugeschrieben: „Die Probleme dieser Welt lassen sich nicht mit den gleichen Denkmustern lösen, die sie erzeugt haben.“ Dazu stellt der bereits angesprochene Hirnforscher Gerald Hüther fest, dass Veränderungen auch im Gehirn stattfinden müssen. Bisher gemachte Erfahrungen, daraus entstandene Haltungen, innere Einstellungen und Überzeugungen sind demnach im Stammhirn repräsentiert, Veränderungen wirken sich dort „zerebral“, also hirnphysiologisch aus. Aber wie?

Wie bereits erwähnt, spielt die Energieeffizienz im Gehirn bei Lernprozessen eine besondere Rolle. Auf den Punkt gebracht: Ein strukturierter Tag mit immer gleichen Abläufen gibt Sicherheit und man kann sich besser auf neue Herausforderungen und Informationen konzentrieren.

Soweit unsere Darstellung der physiologischen Hintergründe. Was bedeutet das für unser Thema? Wir sind erstens gefordert, den Aufwand zur Erarbeitung neuer Denk- und Handlungsmuster nicht zu scheuen, um auch neue Probleme lösen zu können. Wir sollten zweitens darauf achten, diese Muster wiederum zu Routinen werden zu lassen, um uns auf diese Weise indirekt zu belohnen. Und wiederum für Neues offen zu sein. Nun können wir Menschen nicht einfach auf „Reset“ drücken, um vorhandene Routinen zu löschen. Vielmehr müssen wir uns der Mühe des Umlernens unterziehen. Das gilt auch und vor allem für Führungsprozesse und -routinen, die ja bei jeder Führungskraft bereits in irgendeiner Form vorhanden sind. Auch das Herabwürdigen oder permanente Maßregeln von Mitarbeitern kann zu einer gefestigten, wenngleich extrem negativen Führungsroutine werden. Dass derartige Routinen, falls vorhanden, durch neue Handlungsmuster ersetzt werden müssen, liegt auf der Hand. Dass dies zu den schwierigsten Dingen gehört, die es für das Gehirn gibt, haben wir bereits weiter oben erläutert.

Wenn wir weitere Beobachtungen aus der Hirnforschung auf den Prozess des Lernens übertragen, kommen wir zu dem Schluss, dass wir neue Routinen nicht durch Unterricht, Belehrung und kluge Ratschläge erreichen, sondern durch neue positive Erfahrungen. Der Grund: Lernen kann als ein Vorgang beschrieben werden, bei dem eine neuronale Vernetzung im Gehirn stattfindet. Diese Vernetzung lässt sich bis ins hohe Alter nachweisen, was jedoch weniger auf Gehirnjogging zurückzuführen ist als vielmehr auf die Aktivierung emotionaler Zentren im Gehirn. Vereinfacht gesagt, muss Lernen Spaß machen. Dann macht es auch glücklich, aber das ist ein anderes Thema.

Konsequenzen für den Coach

Wie bereits aus dem Beispiel mit Tennis und Squash ableitbar, muss ein guter Coach in erster Linie auf die richtige Ausführung der Technik achten. Das Ergebnis ist zunächst zweitrangig. Übertragen auf das Arbeiten mit Zielzuständen bedeutet das, dass es in den ersten Phasen eines Coachings primär um die Vermittlung einer Technik oder Methode geht. Die Auswahl der Themen ist eher sekundär, weshalb auch weniger wichtige Themen geeignet sind, um eine Routine zu üben und Erfolgserlebnisse zu erzeugen.

Um wiederum eine Analogie aus dem Sport zu bemühen: Ein Golfcoach achtet bei einem Anfänger nahezu ausschließlich auf die richtige Körperhaltung beim Schwung. Wo der Ball landet, ist in den ersten Übungsstunden vollkommen unwichtig. Beim Management sind wir es gewohnt, genau umgekehrt zu handeln. Wir blicken hauptsächlich auf das Ergebnis und interessieren uns nicht wirklich dafür, wie es zustande gekommen ist. Die Technik wird vernachlässigt.

Auch anhand der Musik lässt sich zeigen, dass der umgekehrte Weg der richtige ist. Klaviervirtuosen machen auch dann ihre täglichen Fingerübungen, wenn sie längst Konzertreife erlangt haben. Übung macht den Meister. Und auch große Meister brauchen einen Coach, der beobachtet, ob die richtige Mechanik bzw. Systematik eingehalten wird. Übertragen auf die Arbeitswelt: Der Coach überwacht die Einhaltung des Standards. Ohne Beobachtung und Korrektur neigen wir dazu, den exakten Standard zu verlassen und falsche Handlungsmuster zu entwickeln, ohne dass uns das bewusst wird.

Verbesserungsroutinen sind vergleichsweise einfache Handlungsmuster, die dennoch schwer zu perfektionieren sind. Ständige Übung, begleitet von einem routinierten (!) Coach und über längere Zeiträume hinweg sind die unabdingbare Voraussetzung. Das wiederum basiert, ebenso wie der Problemlösungsprozess (PDCA), auf komplexeren Handlungsmustern. Diese können nur durch tägliches Training über Jahre hinweg zur echten Routine werden.

Professionalität und Training

Als hauptberuflich tätige Mitarbeiter eines Unternehmens nehmen wir für uns in Anspruch, professionell zu arbeiten. Genau dafür werden wir bezahlt. Dennoch muss die Frage erlaubt sein, wie oft und wie intensiv wir die grundlegenden Techniken unseres Berufes auch trainieren. Ein Fußballprofi arbeitet täglich mit dem Ball, obwohl er diesen bereits sehr gut beherrscht. Wie oft üben wir unsere Arbeits- und Führungsroutinen? Wie oft versuchen wir, durch Beobachtung und Korrektur zu lernen? Noch immer herrscht vielerorts die Auffassung vor, man müsse Mitarbeiter nur in einen Lehrgang oder zu einem Training schicken und sie kämen als Profis zurück. Ein Irrglaube. Auch das tägliche Training der „Basics" gehört zur Professionalität.

Führungsarbeit zielt darauf ab, Menschen zu entwickeln und Prozesse zu verbessern. Die erste Aufgabe wird mithilfe der Coaching-Routine, die zweite mit der so genannten Verbesserungsroutine bearbeitet. Die Coaching-Routine beinhaltet regelmäßig wiederholte Runden, um das Coaching im oben genannten Sinne einzuschleifen. Die Verbesserungsroutine umfasst, wie bereits ausführlich erörtert, mehrere Schritte, die wir hier im Kurzdurchlauf wiederholen wollen:

1. Thema und Ziel festlegen, um die Richtung zu verstehen
2. Den Ist-Zustand erfassen, um die aktuelle Situation zu verstehen
3. Den Zielzustand entwickeln
4. Den PDCA-Zyklus in Richtung Zielzustand durchlaufen

Diese Abfolge kann als die Mechanik der Verbesserungsroutine bezeichnet werden. Sie ist für die Beherrschung des Coaching notwendig, aber nicht hinreichend. Vielmehr muss die instrumentelle Komponente durch eine emotionale Komponente ergänzt werden.

Die Einstellung des Coaches

Noch einmal: Coaching heißt „Anleiten und Feedback geben, bezogen auf spezifisches Wissen und Fähigkeiten, die mit einer Aufgabe verbunden sind" (vgl. Bass, a.a.O.). Doch geht Coaching weit über diese Mechanik hinaus. Coaching bedeutet auch, ein positives Umfeld zu schaffen und Mitarbeiter für ein entsprechendes Thema zu begeistern. Auch diese Erkenntnis geht zurück auf Gerald Hüther, der (wie bereits vorher beschrieben) darauf hinweist, „dass Menschen nur dann ihre Potenziale entfalten, wenn sie für etwas begeistert sind“ (vgl. Hüther 2015). Für einen guten Coach setzt dies voraus, dass er selbst positive Emotionen zeigt und begeisterungsfähig ist. Dies gilt auch und vor allem beim Auftreten von Fehlern. Fehler können passieren und müssen vom Coach klar analysiert und in positive Energie umgesetzt werden. Hier haben wir es mit einer Doppelrolle zu tun, deren Beherrschung vom Coach erwartet wird. Zum einen muss er den klaren Analysten geben, um sich zum anderen zu einem „Emotional Leader“ zu wandeln. Nein, falsch, er muss nicht beides „geben“, sondern bis zu einem gewissen Grad auch wirklich „sein“. Nur dann wird Coaching authentisch.

Die positive Einstellung, die zu unserer Auffassung von Coaching gehört, lässt sich aus den bereits diskutierten professionellen Grundhaltungen ableiten. Überspitzt gesagt, gehört auch ein freundliches Wesen zur Verhaltens-Exzellenz. Spätestens hier stoßen Training und Coaching auch an ihre Grenzen. Nicht jeder Mensch hat die persönliche Eignung, ein erfolgreicher Coach zu werden. Bisweilen treten in der zweiten Entwicklungsphase, bei der Arbeit mit Teams und Organisationen, Hindernisse auf, die in Persönlichkeit und Werdegang des Einzelnen begründet liegen und durch tägliches Üben nicht zu beseitigen sind. Nicht jeder Mensch ist zum Klaviervirtuosen geboren – oder zum erstklassigen Coach.

Die erste Lektion, die ein angehender Coach lernen muss, ist, dass er nicht die Rolle des aktiven Verbesserers, sondern die des Beobachters innehat. Seine Aufgabe besteht darin, ein festgelegtes Handlungsmuster zu verfolgen, das beim eigentlichen Verbesserer zur Routine werden soll. Als Beispiel kann wiederum der PDCA-Zyklus dienen, dessen richtige Anwendung beobachtet wird, um bei Abweichungen korrigierende Hilfe zu geben. Aber: Der Coach führt die Problemlösung nicht selbst durch! Diese Trennung zwischen dem Verbesserungsprozess und dem Meta-Prozess der Beobachtung ist keineswegs trivial. Es gehört viel Fingerspitzengefühl dazu, zwischen erlaubter Korrektur und eigener Aktivität zu unterscheiden. Manchen Leuten bereitet es geradezu körperliche Schmerzen, eine Lösung selbst zu kennen und den Kollegen auf dem Weg der Irrungen und Wirrungen zu beobachten. Da muss man als angehender Coach eben durch – Coaching kann nämlich nicht heißen, „ich führe meinen Mitarbeiter zu der mir bereits bekannten Lösung“. Oder, in der schwäbischen Variante: „Des coacha mer jetzt gschwend amol na!“

Für den Coach bringt dieser Prozess unter Umständen mit sich, dass der Gecoachte zu einer besseren Lösung als der eigenen gelangt. Dies mag wiederum schmerzhaft sein, ist aber gewünscht. Sonst bleiben alle Lösungen durch die Fähigkeiten des Coaches limitiert. Ein Unding. Als Coach hat man alles richtig gemacht, wenn der Gecoachte besser ist als man selbst. Dies zuzulassen, ist nicht zuletzt eine Frage der Unternehmens- und Führungskultur.

Wir haben bereits angemerkt, dass Lernen unter hohem Zeitdruck nicht sehr gut funktioniert. Lernprozesse benötigen Zeit und Raum, die man im echten Leben nicht immer hat. Oder die das Management kritisch beäugt. Deshalb ist man gut beraten, sich für Lernprozesse Projekte und Aufgaben zu suchen, die nicht die allerhöchste „Management-Attention" genießen. Im Falle des Coaching kann man dies in der frühen Entwicklungsphase auch bedenkenlos tun – die Themen sind hier weniger wichtig als das Einüben der Rolle und das Erlernen der Routinen. Nur so gelangt der Coach zur erforderlichen Ruhe und Sicherheit, die wesentliche Voraussetzungen seiner Arbeit sind.

Tatsächlich muss ein Coach auch dann Ruhe ausstrahlen, wenn er selbst die Problemlösung nicht weiß und der Gecoachte auf der Suche danach zunehmend in Stress gerät. Ergeben sich aus dieser Stresssituation methodische Fehler, so muss der Coach unter allen Umständen angemessen reagieren. Angemessen heißt: Verzicht auf Vorwürfe, Rückendeckung für den Gecoachten. So sieht richtiges Verhalten aus – auch und gerade bei Problemlösungsprozessen.

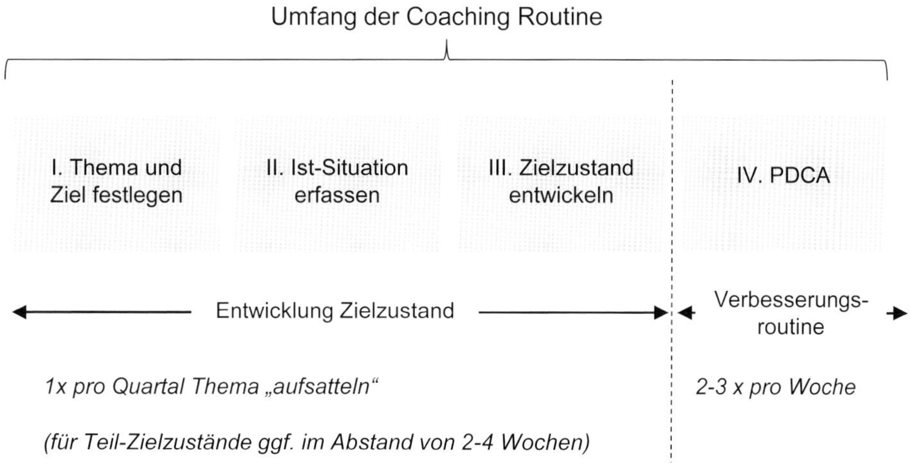

Bild 5-4: Umfang der Coaching-Routine

Taylor ist überall

Der erfolgreiche amerikanische Bestseller-Autor Seth Godin beschreibt in seinem Essay „Stop Stealing Dreams" die negativen Einflüsse, die das moderne Schulsystem auf unsere Denkweise hat. Godin beschreibt, dass das moderne Schulsystem unter anderem auf den Ideen von Horace Mann und Frederick Kelly beruht. Mann entwickelte die Idee der öffentlichen Schule nach dem Amerikanischen Bürgerkrieg. Dabei wurde er stark von der neuen industrialisierten Ökonomie unterstützt, die sich zwei wesentlichen Herausforderungen gegenüber sah: 1) wie bekommen wir ausreichend folgsame Arbeiter und 2) wie bekommen wie genug eifrige Konsumenten. Die richtige Charakterbildung wurde als ebenso wichtig angesehen wie das Erlernen von Lesen, Schreiben und Rechnen; nur dass die vermittelten Werte eher Gehorsamkeit gegenüber Autoritäten, schnelles Reagieren auf Anweisungen und Zeitmanagement in Abhängigkeit der Pausenklingel waren.

Kellys „Verdienst" war der bereits 1914 entwickelte Multiple Choice Test, den er selbst als „Test für Denken niederer Ordnung für Unterschichten" beschrieben hat. Kelly hat sich später von diesem Verfahren distanziert, was das Ende seiner Karriere als Schulleiter bedeutete. Leider hat sich der Multiple Choice Test bis heute durchgesetzt und wird vermehrt auch an den deutschen Schulen und Universitäten benutzt. In den USA ist er unter anderem nach wie vor die Grundlage für den standardisierten Eignungstest für Universitäten (SAT-Standard Scholastic Assessment Test). Der Grund ist Godins Meinung nach simpel: Er ist einfach und effizient und schafft es, den sich im Schulsystem etablierten Gedanken der Massenfertigung am Laufen zu halten.

Was bedeutet diese Erkenntnis für uns? Godin beschreibt die Schule als Vorbereitung von Schülern auf ein Leben in einer tayloristischen Welt, in der sie gehorsam einfache Anweisungen ihrer Vorgesetzten ausführen. Multiple Choice Tests suggerieren, dass es *eine* richtige Antwort gibt und führen zu Strategien, die sich weniger darauf konzentrieren, relevante Inhalte zu lernen, zu verstehen und anzuwenden, als eine möglichst hohe Punktzahl zu erreichen. Dabei stehen nur noch Ergebnisse im Vordergrund. Lösungswege werden irrelevant. Diese Mittel-Zweck-Verdrehung führt dazu, dass ein von unserer Gesellschaft eigentlich gewolltes Lebenslanges Lernen, innovatives und unkonventionelles (out of the box) Denken, Kreativität, Mut und Initiative damit eher unterdrückt werden.

Wir erleben und spüren das im realen Verhalten von Mitarbeitern und Führungskräften in der täglichen Arbeit. Der Grundsatz „es gibt *eine* richtige Lösung und der Lehrer (bzw. die Führungskraft) kennt diese Lösung" führt in den Verbesserungsprojekten auf beiden Seiten genau zu dieser Erwartungshaltung. Die Führungskraft fühlt sich verpflichtet, die richtige Lösung zu kennen. Der Mitarbeiter hofft die in den Augen der Führungskraft richtige Lösung zu finden. Wenn er sie nicht kennt, wartet er darauf, dass sie ihm gesagt wird. Wir erleben es auch in der Erwartungshaltung der Führungskräfte gegenüber den Inhouse-Beratern. Auch dort hören wir nicht selten, „dann sagen Sie uns doch, wie es richtig ist". Solange dieses noch tief in uns verwurzelt ist, werden wir es schwer haben, Coaches zu bekommen, die mutig genug sind, Mitarbeiter besser als sie selbst werden zu lassen, die ihre Mitarbeiter ihre eigenen Lösungen entwickeln lassen, die den Mut fördern, unkonventionelle Ansätze auszuprobieren und scheitern zu dürfen.

Rollen und Verantwortung beim Coaching

Verbesserung und Coaching beginnen, wie könnte es anders sein, am Prozess. Die erste relevante Rolle ist demnach die des Prozessverbesserers. Dieser Verbesserer wird von seinem Vorgesetzten (Teamleiter, PE-Leiter) gecoacht. Da der Coach, hierarchisch bedingt, Ergebnisverantwortung hat, wird er immer auch den Erfolg im Blick haben. Genau daraus ergibt sich jedoch ein Dilemma: Einerseits soll der Coach seinen Mitarbeiter entwickeln und dabei die in den vorhergehenden Abschnitten geschilderten Bedingungen beachten. Auf den Punkt gebracht soll er sich und dem Gecoachten Zeit und Raum zur Entwicklung geben. Das kann andererseits eben mit seiner Ergebnisverantwortung kollidieren, die beispielsweise eine bestimmte Performance pro Zeiteinheit von ihm fordert. Die Zwickmühle für den Coach schließt sich komplett, wenn ein Second Coach

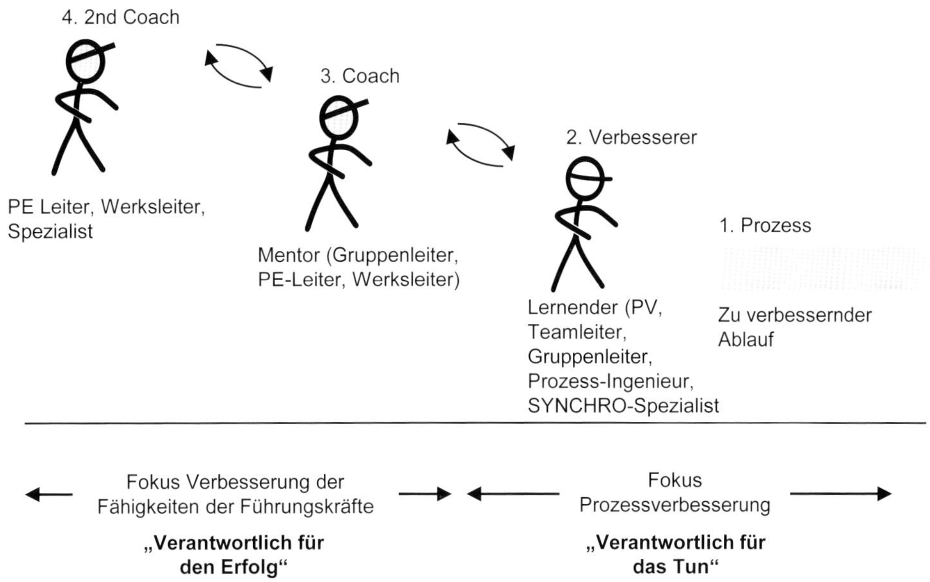

Bild 5-5: Rollen und Verantwortung im Überblick

hinter ihm steht, der beobachtet, ob er seinen Prozessverbesserer richtig entwickelt – diesem also genügend Zeit und Raum gibt.

Ein naheliegender Ausweg aus diesem Dilemma wäre, die Coaching-Rolle mit zunehmender hierarchischer Verantwortung in eine Beraterrolle zu verwandeln. Lapidar ausgedrückt, sagt dann der Chef seinem Mitarbeiter kraft Expertise, wie er anstehende Probleme richtig löst.

Genau das wollen wir nicht.

Voraussetzung dafür, dass kein hierarchisch bedingter Rollenwechsel vom Coach zum Berater stattfindet, ist das Vertrauen darauf, dass das Gesamtsystem zum Erfolg führen wird, wenn man es konsequent beibehält. Wir weisen deshalb zu Beginn der Coaching-Ausbildung auf das Dilemma hin und sensibilisieren die Teilnehmer dafür, auf ihre eigene Rolle zu achten. Tenor: „Wann bin ich noch Coach und wann beginne ich, als Berater zu handeln?" Gleichzeitig muss dieses Vertrauen auch in der Hierarchie verankert sein. Der Werksleiter muss mitspielen. Wenn dieser, aus welchen Gründen auch immer, stets auf das (kurzfristige) Ergebnis pocht, wird es schwierig, das Coaching nachhaltig in der Organisation zu verankern. Deshalb ist es überaus hilfreich, wenn die oberste Führungsebene die Coaching-Ausbildung ebenfalls aktiv durchläuft. Und sich darauf einlässt, anfänglich selbst gecoacht zu werden – in unserem Falle durch einen erfahrenen Coach der SYNCHRO Consulting. Dieser Second Coach reflektiert von Beginn an, wann der gecoachte Werksleiter selbst coacht und wann er in die Beraterrolle wechselt. Auf diese Weise entwickelt sich ein Gespür dafür, wann gecoacht und ab wann beraten wird. Dass der Second Coach für diesen Entwicklungsprozess genügend Erfahrung und gehöriges Fingerspitzengefühl braucht, liegt auf der Hand.

In mittelständischen oder großen Unternehmen endet die Hierarchie nicht beim Werksleiter. Dieser wird von einer übergeordneten Ebene, sei es eine zentrale Instanz, sei es die Geschäftsleitung (bzw. der Vorstand), an seinen Ergebnissen gemessen. Das Coaching- und Verbesserungssystem muss auch auf dieser obersten Ebene in der Form mitgetragen werden, dass nicht permanent und kurzfristig auf diese Ergebnisse gepocht wird. Natürlich müssen sich nach einem absehbaren Zeitraum bessere Ergebnisse einstellen, sonst müsste man das System gar nicht aufsetzen. Unsere Erfahrung zeigt eindeutig, dass sich diese Ergebnisse nach ungefähr einem Jahr einstellen. Die gute Nachricht lautet, dass die Verbesserung ab diesem Zeitpunkt nicht mehr aufhört. Wenn das System richtig läuft, stellen sich sogar signifikante Ergebnisse ein, werden fortlaufend Potenziale erschlossen.

In einem unserer Werke haben wir Anfang 2017 ein Review über das dort eingeführte Coaching-System gemacht. Die fortlaufend erzielten Einsparungen überstiegen die Resultate typischer Beratungsprojekte bei weitem – und die Verantwortlichen sind sich sicher, dass sich unschwer neue lohnende Bereiche finden lassen. Das ist, was wir mit Kontinuierlicher Verbesserung meinen.

Es sollte keinesfalls verhehlt werden, dass die oberste Führungsebene ein hohes Maß an Vertrauen in den Entwicklungsprozess „vorschießen" muss. Und dass sie gute Nerven braucht. Unternehmer, die an den langfristigen Erfolg ihres Unternehmens glauben, haben tendenziell bessere Nerven als ein Management, das vierteljährlich vom Kapitalmarkt an echten oder vermeintlichen Ergebnissen gemessen wird. Das mag einer der Gründe dafür sein, dass Lean, Kaizen oder SYNCHRO in eigentümergeführten Unternehmen so gut funktionieren...

Zurück in die Lernzone

Die „Lernzone" ist der Ort, an dem ein Mitarbeiter in Ruhe, abgeschirmt vom Druck des Alltags, eine neue Routine erlernen kann. Die Lernzone ist der Bereich, der zwischen der Komfortzone und der Angstzone trennt, und er muss eingerichtet werden, damit es keinen unmittelbaren Übergang von der Komfort- in die Angstzone gibt. Das würde dazu führen, dass Mitarbeiter ihre Komfortzone nicht verlassen würden – und genau das strebt der Coach ja an.

Das Beispiel des squashversierten Tennisneulings beschreibt die Komfortzone als die bekannte und beherrschte Squashtechnik. Die Angstzone wäre, die neue Tennistechnik in einem Turnier anzuwenden. Die Lernzone wären weitere Übungsstunden und Testspiele ohne Wertung.

An dieser Stelle möchten wir nochmal bewusst auf diese, vor allem im Rahmen des Toyota Kata-Ansatzes, aber auch im Management häufig gebrauchte Begrifflichkeit eingehen, um das eine oder andere Missverständnis auszuräumen. Mit Komfortzone assoziiert man automatisch so etwas wie Ruhe und Gemütlichkeit, vielleicht sogar wie Faulheit und Bequemlichkeit. Aber das ist nicht nur unklug, weil es sofort auf Ablehnung der betroffenen Personen stoßen würde, da es wenig schmeichelhaft und eher massiv kritisierend wäre. Es ist schlichtweg falsch. Die Komfortzone beschreibt vielmehr einen Zustand, den die betroffene Person beherrscht, eine Routine, Technik, Arbeitsweise, in der sich der Mitarbeiter bestens auskennt und die er im Schlaf anwenden kann. Dies kann unter Umständen alles andere als bequem sein. Wir konnten in einigen Organisationsanalysen Führungskräfte beobachten, die morgens vor den eigenen Mitarbeitern da waren und abends noch lange blieben, als in den Hallen kein Licht mehr brannte. Tagsüber sprangen sie ohne Unterlass von einem Problem zum nächsten, löschten Feuer, reparierten mit eigenen Händen Baugruppen und stellten mit einem großen Aufwand und mit persönlichem Einsatz sicher, dass die Maschine doch noch in der richtigen Qualität pünktlich den Hof verließ. Viele von ihnen arbeiteten sich „die Finger blutig und den Rücken rund". Aber sie waren in ihrer Komfortzone, weil sie diese Arbeitsweise seit Jahren beherrschten. Sie wussten genau, was zu tun war. Im Rahmen der SYNCHRO PLUS-Aktivitäten versuchten wir, dieses Verhalten zu verändern. Statt Feuerwehr zu spielen und Probleme „mit der Hand am Arm“ selber zu lösen, erwarteten wir von den Führungskräften, Transparenz im Bereich zu erzeugen, systematisch Abweichungen zu erfassen, Kennzahlen aufzunehmen, Problemlösungstechniken zu trainieren, Aufgaben zu delegieren und den Verbesserungs- und Problemlösungsprozess zu steuern. Ein System, das in der Endausbaustufe mehr Ruhe und weniger Hektik bringt, aber zunächst eine völlig andere Herangehensweise der Führungsarbeit beschreibt. Hier verließen die Führungskräfte ihre Komfortzone ganz eindeutig.

Unsere Reviews zu Coaching und SYNCHRO machen regelmäßig zwei Dinge deutlich: Erstens übersteigen die Resultate auf lange Sicht fast immer die Erwartungen. Dies ist umso bemerkenswerter, weil die Verbesserungen im täglichen Geschäft erarbeitet werden und nicht zwingend Gegenstand großer Optimierungsprojekte sind. Zweitens – und das ist die schlechte Nachricht – stellen sich mit der Zeit gewisse Verschleißerscheinungen bzw. Sättigungen ein. Hauptursache dafür ist, dass man auf einem einzigen bewährten Handlungsmuster verharrt. Oftmals folgen die Zielzustände immer ein- und demselben Muster, beispielsweise, die Bearbeitungszeiten der Produkte von 80 Minuten auf 60 Minuten zu reduzieren. Der Logikbaum wurde immer nach demselben Muster erstellt und abgearbeitet. Dieses Werkzeug wird spätestens dann stumpf, wenn alle relevanten Prozesse erfolgreich verbessert wurden. Der Zugang zu neuen Potenzialen kann jedoch nur über einen anders aufgebauten Logikbaum gelingen, der beispielsweise nach den Verschwendungsarten fragt. Oder man ändert den Themenfokus komplett und wendet sich Dingen wie Nacharbeiten oder Mehraufwänden zu. Dann sehen die Zielzustände anders aus, das Werkzeug der Verbesserung wird wieder scharf.

Für eine Neuorientierung im Sinne veränderter Handlungsmuster und neuer Anwendungsfelder muss allerdings klar sein, dass die Organisation wieder zurück in die Lernzone muss. Tatsächlich bewegt sich eine Organisation auf dem Weg des eigenen Erfolgs

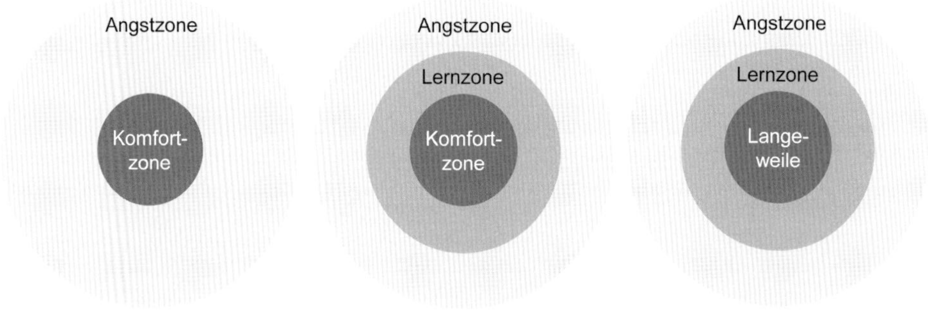

Bild 5-6: Veränderte Verhaltenszonen im Coaching-Prozess (nach Aulinger 2015)

nahezu zwangsläufig wieder in eine Komfortzone des „Business as usual" zurück – und zwar auf einem deutlich höheren Nivea als vorher, aber dennoch. Ist die Organisation aber schon mehrere Male durch Lernzonen gegangen und hat sich im Laufe der Zeit eine Kultur des ständigen Lernens etabliert, so ist die Folge, dass sich Langeweile breitmacht. Spätestens dann hat das System seinen Leistungszenit überschritten. Die Aufgabe der Verantwortlichen besteht darin, Langeweile zu vermeiden und die Organisation wieder in die Lernzone zurückzuführen (vgl. Bild 5-6).

Die Idealvorstellung geht dahin, dass eine Organisation diesen Zonenwechsel aus eigenem Antrieb und mit eigenen Mitteln schafft. Noch ist es allerdings in der überwiegenden Mehrzahl der Fälle so, dass der Anstoß von außen kommt. In aller Regel von der Inhouse-Beratung.

Auch der Coach profitiert

Coaching wird von Führungskräften oftmals als zusätzliche Belastung wahrgenommen. Tatsächlich ist nicht zu leugnen, dass Coaching Arbeit bedeutet. Deshalb ist die Frage mancher Führungskräfte berechtigt, in welcher Form sie auch persönlich von dieser Arbeit profitieren.

Coaching operiert häufig an der so genannten Wissensgrenze. Das heißt, dass die Mitarbeiter ihr Wissen mit jeder erfolgreichen Problemlösung erweitern. Aber nicht nur die. Der Coach lernt durch die Beobachtung guter Lösungswege automatisch mit. Mehr noch: Er bekommt die Lösungen auf eine Weise präsentiert, die diese leicht nachvollziehbar und reproduzierbar machen. Auf diese Weise bekommt der Coach einen tiefen Einblick in die eigenen Prozesse, der ansonsten nur sehr mühsam zu erarbeiten wäre.

Der Kata-Experte Gerd Aulinger bezeichnet den Wissenskreislauf beim Coaching als das Delegieren von Lernen. Der Mitarbeiter lernt in dieser Perspektive für den Coach mit – der gar nicht anders kann, als dabei ebenfalls zu lernen (Bild 5-7).

Bei zunehmender Erfahrung mit Coaching-Prozessen stellt sich ein weiteres Phänomen ein, das man mit dem Halbsatz „Lernen zu lernen" beschreiben könnte. Coaches stellen im Lauf ihres Lebens als Coaches zunehmend fest, dass sie neue Situationen schneller erfassen als zuvor. Das hat mit unserer Wahrnehmungsfähigkeit zu tun, die ja auf eine Art Mustererkennung geprägt ist. Je mehr Muster ich gesehen und durch begleitende Beobachtung automatisch „gelernt" habe, desto eher bin ich in der Lage, diese Muster schnell wiederzuerkennen. Der Rest ist eine Frage der Statistik – viele erlebte Lösungsmuster bedeuten schnelles Erfassen komplexer Situationen, die einem dieser Muster entsprechen.

Das so erworbene Erfahrungswissen erstreckt sich auf zwei Dimensionen. Den eigentlichen Prozess (Wertschöpfungsprozess) und den Prozess der Lösungsfindung. Dieser Effekt ist nicht nur fast zwangsläufige Folge von Coaching, er übersteigt jeden

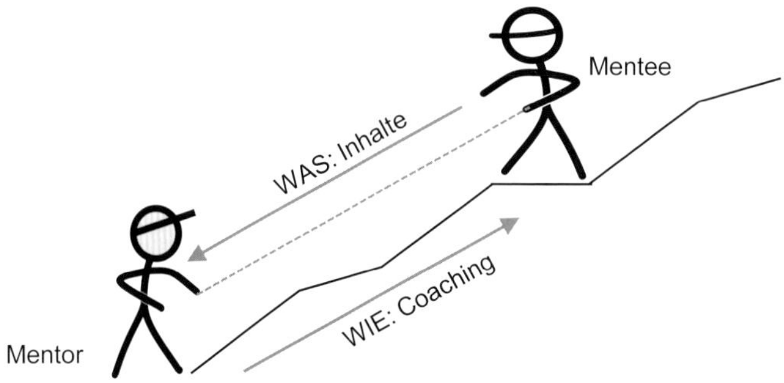

Bild 5-7: Der Kreislauf des Lernens beim Coaching (Quelle: Aulinger 2015)

mit herkömmlicher Beratung oder Führung verbundenen Wissenszuwachs bei weitem. In letzter Konsequenz trägt dieser Wissenszuwachs auch zur Transparenz bei. Man kann Prozesse schneller überschauen und besser analysieren als zuvor. Ein wichtiger Erfolgsfaktor von SYNCHRO als einem lernenden System.

Wir kommen zu Kapitel 6.

Kapitel 6:

SYNCHRO erfolgreich vorantreiben

Die Rolle der SYNCHRO Consulting

von Florian Guber

„Bezogen auf die Dimension ‚Change' gibt es eine ganze Reihe tauglicher Instrumente, deren detaillierte Beschreibung hier sicherlich zu weit führen würde. Eine Sonderrolle unter diesen Tools nimmt die Change-Story ein, mit der die Notwendigkeit einer Veränderung plausibilisiert und begründet wird. Darüber hinaus liefert die Change-Story eine Art Leitfaden durch die Veränderung. Zu Beginn einer Veränderung nimmt man ‚Fühlung' mit der Organisation auf. Diesem Zweck dient die Organisationsdiagnose."

6.1 Arbeitsgrundsätze der internen Beratung

Das Geschäftsmodell

Erfolg und Nachhaltigkeit von SYNCHRO hängen auch mit der Arbeit der internen Beratung zusammen. Der SYNCHRO Consulting. Diese sorgt auf unterschiedliche Weise und auf verschiedenen Ebenen dafür, dass SYNCHRO auch nach fast zwanzig Jahren noch in der Organisation vorankommt.

Innerhalb der TRUMPF-Gruppe zählt die SYNCHRO Consulting zu den Zentralbereichen. Diese treten gegenüber den Tochtergesellschaften für Werkzeugmaschinen und Lasertechnik als Dienstleister auf und übernehmen darüber hinaus strategische Kernfunktionen wie Unternehmensentwicklung, Qualitätsmanagement oder Einkauf. Sowohl die Produktentwicklung als auch die Produktionswerke gehören zu den Geschäftsbereichen, die teilweise auch über eigene Dienstleistungsfunktionen wie Service und Vertrieb verfügen. Die Consulting wiederum ist direkt der Holding zugeordnet, damit sie mit allen Bereichen der Gruppe arbeiten kann, ohne in organisatorisch bedingte Interessenskonflikte zu kommen.

Neben den Einheiten der Aufbauorganisation existieren Gremien wie fachliche Boards, in denen Vertreter zentraler und dezentraler Einheiten zusammenkommen, um übergreifende Aufgaben zu bearbeiten und Synergien besser zu nutzen.

Die Aufträge für die Consulting kommen zum größten Teil aus den Werken bzw. den Tochtergesellschaften, die nach dem Pull-Prinzip Unterstützung anfordern. Motivation für eine Beauftragung sind zum einen Ideen und Impulse, die auf Basis persönlicher Vernetzung ausgetauscht werden. Zum anderen können Bedarfe auch aus den Zielen resultieren: die Verantwortlichen sichern sich die Unterstützung der Consulting, um ihre vereinbarten Ziele besser zu erreichen. Haben diese Ziele mit SYNCHRO zu tun, ist die Wahrscheinlichkeit hoch, dass Unterstützung angefragt wird. Auf diese Weise kann die Gruppengeschäftsführung indirekt dafür sorgen, dass bestimmte Themen auf der Agenda bleiben. Auch und gerade bei SYNCHRO ein ganz wichtiger Aspekt. Zahlreiche Beispiele aus anderen Unternehmen zeigen, dass eine Lean Transformation nur funktionieren kann, wenn die Unternehmensleitung langfristig und konsequent „nachhält“.

Die bisher skizzierten Fälle funktionieren, wie gesagt, nach dem Pull-Prinzip. Die Organisation hat einen Bedarf und fragt die Leistung der SYNCHRO Consulting an. Zu einem geringeren Teil entstehen Arbeitsaufgaben auch auf dem Weg des Push. So kann beispielsweise das Produktions-Board eine Aufgabe direkt an die Consulting delegieren. Das betrifft namentlich die SYNCHRO-Reviews, die in der Organisation gut angenommen werden und sich in Summe bewährt haben – nicht zuletzt, weil sie aufzeigen, dass die Kontinuierliche Verbesserung auch bei einem höheren Reifegrad teilweise noch signifikante Ergebnisse bringt. In Einzelfällen werden Aufgaben auch direkt aus der Gruppengeschäftsleitung an die Consulting gegeben, was allerdings nur selten vorkommt. Im Regelfall für Push landet der initiale Impuls aus der Holding bei einem Verantwortlichen in den Geschäftsbereichen, der sich dann an die Consulting wendet, wenn er Unterstützung benötigt. Was wiederum nach dem Pull-Prinzip funktioniert.

In ähnlicher Weise verläuft der Prozess, wenn aus der Unternehmensleitung ein Zentralbereich beauftragt wird. Dieser zieht im Bedarfsfall ebenfalls die Consulting zu Rate – bei Produktionsthemen sogar im Regelfall.

Generell ist das Pull-Prinzip bei (internen) Beratungsaufträgen der günstigere Fall, weil das Problembewusstsein am Einsatzort bereits vorhanden ist. Bei „Push-Beratung" muss dieses meist erst geschaffen werden. Der Eindruck „Ihr habt ein Problem, das ihr gar nicht kennt und wir lösen es" ist kein guter Aufsetzpunkt für ein erfolgreiches Projekt. Auch sollte der Duktus von Zwangsbeglückung bzw. Bevormundung vermieden werden. Hier kann bei größeren Projekten ein Einsatz der Consulting als eine Art Moderator zur beiderseitigen Auftragsklärung sinnvoll sein.

Die Positionierung

Man kann die SYNCHRO Consulting als ein „Unternehmen im Unternehmen" betrachten. Also gilt, dass sich die Consulting auch unternehmerisch positionieren muss. Diese Positionierung erfolgt auf mehreren Ebenen, von der Mission über die definierte Expertise bis zum professionellen Selbstanspruch. Ein Überblick.

Daseinszweck (Mission)

Entwicklung von Organisation und Prozessen

- Strategisch orientierte, ganzheitliche Prozessverbesserung mit Wirkung auf relevante Erfolgskennzahlen (Qualität, Kosten, Zeit)
- Entwicklung der organisationalen Fähigkeiten für die selbstständige Kontinuierliche Verbesserung der eigenen Prozesse

Führungskräfte-Nachwuchs sichern

- Kontinuierliche Entwicklung von neuem Führungskräftenachwuchs aus dem Pool von Beratern mit ausgebildeter Expertise (s.u.) und professionellem Selbstanspruch sowohl mit Blick auf die Leistungserbringung als auch auf die zugrundeliegenden Haltungen

Expertise 1/2

SYNCHRO

- Prozess-Exzellenz
  - System-Kaizen (globale Optimierung): Ganzheitliche, wertstromorientierte, auch werks- und bereichsübergreifende Optimierung der Prozesse und Strukturen nach den JIT-Prinzipien
  - Punkt-Kaizen (lokale Optimierung): Eliminierung von Verschwendung innerhalb bestehender Prozesse
- Management-Exzellenz
  - Aufbau von Strukturen und Fähigkeiten in der Organisation zur optimalen Steuerung der Prozesse, zum Managen von Abweichungen und zur Problemlösung
  - Aufbau von Strukturen und Fähigkeiten zur zielorientierten Kontinuierlichen Verbesserung und zur selbstständigen Entwicklung der Mitarbeiterfähigkeiten im Kontinuierlichen Verbesserungsprozess

Expertise 2/2

Strategisches Problemlösen

- Fähigkeit zur strukturierten und systematischen Bearbeitung und Lösung offener Aufgaben- und Problemstellungen (7 Schritte im Problemlösungsprozess)
- Fähigkeit, Kliententeams und -führungskräfte sicher durch Verbesserungsprojekte zu führen (Client Leadership)
- Fähigkeit zur sicheren (vorstandstauglichen) Kommunikation

Change Management

- Fähigkeit zum Managen schwieriger Klienten-Situationen
- Fähigkeit zum Auflösen von Widerständen bei Strukturveränderungen zur Identifikation mit den Neuerungen

Selbstanspruch (Professionalität)

Fähigkeiten

- Handwerkliche Komponente der Professionalität: Die Berater der SYNCHRO Consulting sind über ihre handwerklichen Fähigkeiten in der Lage, unabhängig von der Tagesform kontinuierlich, effektiv (Qualität und Quantität) und effizient zu arbeiten.

Haltung

- Das einer professionellen Einstellung zugrundeliegende Arbeitsethos: Die Berater der SYNCHRO Consulting sind *integer* und handeln *gewissenhaft*. Sie übernehmen Verantwortung für ihre Klienten, aber auch innerhalb des SYNCHRO-Teams, und *respektieren* ihre Klienten, Kollegen und Führungskräfte.

Bild 6-1: Die Positionierung der SYNCHRO Consulting im Überblick

Was Wert hat, kostet

Für Selbstverständnis und Standing einer internen Beratung gleichermaßen wichtig ist die Tatsache, dass für die Leistungen tatsächlich Geld verrechnet wird. Die SYNCHRO Consulting arbeitet zu Tagessätzen, die von den Marktpreisen nicht sehr weit entfernt sind. Die internen Kunden, die unsere Unterstützung anfordern, stellen diesen Aufwand über ihre Kostenstelle dar. Das ist ein wichtiger Faktor dafür, dass die angebotene Leistung werthaltig ist – und das auch bleibt.

Entsprechend dieser Vorgaben muss bei der Personalauswahl darauf geachtet werden, dass insbesondere für die Leitungspositionen Leute verpflichtet werden, die etwas vom (externen) Beratungsgeschäft verstehen. Dies kann durchaus zu Diskussionen führen, weil auch die Honorierung eine andere sein kann, als im Unternehmen bei vergleichbarer Verantwortung/Position üblich. Dazu gehört beispielsweise, dass Berater gewohnt sind, ein Dienstfahrzeug zu bekommen, was für hierarchisch vergleichbare Mitarbeiter in anderen Unternehmensbereichen eher unüblich ist. Über diese Dinge sollte man im Vorfeld nachgedacht haben, wenn man eine interne Beratungsmannschaft aufbauen will.

Mehr als andere Beratungen muss eine interne Consulting damit leben, dass ihre guten Leute in die Linie wechseln. Bei der SYNCHRO Consulting gehört das ja sogar zum Auftrag. Die Führung muss also sicherstellen, dass regelmäßig neue Mitarbeiter dazugeholt und schnell eingelernt werden, was intern den Eindruck hoher Fluktuation erzeugen kann. Anders herum betrachtet ist die jahrzehntelange Verweildauer von Mitarbeitern in einer internen Beratung nicht unbedingt ein Gütesiegel – wie manches Beispiel aus größeren Konzernen belegt. Angejahrte, keinem (internen) Marktdruck ausgesetzte Berater mutieren hier oftmals zu reinen Projektverwaltern.

Das Geschäftsmodell schließt auch bestimmte Arten von internem „Body-Leasing" aus. Dies wiederum im Unterschied zu mancher externen Beratung. Intern steht die Kernleistung des Beraters stärker im Vordergrund, die monetäre Verrechnung ist ein

Mittel zum Zweck, nicht der Zweck selbst. Die Leistung umfasst beispielsweise das Coaching von Projektleitern in der Linie, ggf. auch über lange Zeiträume hinweg, nicht den kompletten Wechsel des Mitarbeiters in die entsprechende Organisationseinheit.

Ein Blick auf die Expertise

Die Expertise eines SYNCHRO-Beraters ruht auf drei wesentlichen Säulen: Erstens der originären Fachkompetenz zu Lean bzw. SYNCHRO, zweitens der Fähigkeit zu strategischem Problemlösen und drittens dem Change Management.

Stichwort strategisches Problemlösen: Das Vermögen, offene Problemstellungen zu lösen, ist fachlich-inhaltlich unabhängig von SYNCHRO, lässt sich aber sehr gut mit dessen Inhalten kombinieren. Gemeint ist die Fähigkeit, Projekte aufzusetzen, Schlüsselfragen und Zielstellung zu formulieren, das Problem durchzustrukturieren und die Arbeitspläne zu entwickeln. Diese Fähigkeiten sind, unabhängig von den Inhalten, bei unterschiedlichen Projektarten von Nutzen und gehören zu den Kernkompetenzen eines Beraters. Gleiches sollte für das Change Management gelten, da ein richtig verstandenes Beratungsprojekt die Umsetzung in der Organisation beinhalten sollte. Nun ist das bei externen Beratungen nicht immer der Fall, doch gehört die Verhaltens-Exzellenz für Change-Projekte zur DNA einer internen Beratung. Deshalb ist diesem Thema ein ganzes Teilkapitel gewidmet.

Bild 6-2: Die SYNCHRO Consulting auf einen Blick

Die Fähigkeiten bewerten und entwickeln

Die Themen, die von der SYNCHRO Consulting bearbeitet werden, haben durchgängig eine hohe Relevanz für TRUMPF. Entsprechend wichtig ist es, exzellente Fähigkeiten anzubieten bzw. zu entwickeln. Um diesem Anspruch auch gerecht werden zu können, bewerten wir die SYNCHRO Consulting mithilfe eines Reifegradmodells. Dieses Modell orientiert sich an den in Bild 6-2 dargestellten Themenfeldern und kommt so einem ganzheitlichen Anspruch durchaus nahe.

Die Bewertung mittels Reifegradmodell zeigt auf, wo unsere Stärken liegen – und wo noch Entwicklungsbedarf besteht. So lassen sich die Fähigkeiten der internen Beratung zielgerichtet weiterentwickeln. Tatsächlich haben wir bei einer ersten Bewertung im Frühjahr 2016 in einigen Feldern Nachholbedarf identifiziert, an denen wir in der Zwischenzeit intensiv gearbeitet haben. In Summe kann man sagen, dass wir uns auf den kritischen Feldern in den zurückliegenden Monaten stark verbessert haben. „Luft nach oben" gibt es natürlich immer.

Die Aufgaben der SYNCHRO Consulting sind insgesamt vielfältig. Neben der Beratung im engeren Sinne umfassen sie zusätzlich Coaching und Training – die gezielte Befähigung von Mitarbeitern in der gesamten Organisation.

Beratung und Projektmanagement

- Teilweise Übernahme des gesamten Projektmanagements
- Teilweise dauerhafte und intensive Betreuung
- Methodisches Anleiten und Führen der Kliententeams
- Input durch eigene fachliche und methodische Expertise
- Moderation von Workshops

Beispiele

- Produktion: L66 Ramp up, Tru Micro Ramp up, 2.IB TLSM, 5 umsatzstärkste Wertströme, Indirekte Bereiche: Reorganisation TLD500, Sales Excellence

Coaching

- Fokus auf Befähigung von Mitarbeitern und Führungskräften
- Coaching findet i.d.R. im Rahmen von Programmen statt
- On/off Betreuung in unterschiedlichen Rhythmen je nach Bedarf

Beispiele

- Produktion: Führen mit Zielzuständen, Shopfloor Management
- Indirekte Bereiche: Shopfloor Management, Scrum/Agile Projekte

Audits / Reviews

- SYNCHRO Audits/Reviews: Schnell-Diagnose zur Feststellung von Abweichungen, Stärken und Schwächen
- „Einmal"-Aktivitäten, die generell flächendeckend im Abstand von 1-3 Jahren stattfinden und von der Gruppengeschäftsführung beauftragt werden

Beispiele

- Produktion: SYNCHRO-Audits, SYNCHRO PLUS Reviews
- Indirekte Bereiche: Statusbewertung SYNCHRO PLUS Roll Out

Trainings (SYNCHRO Akademie)

- Projektbegleitende Trainings: Theoretische Inhalte werden im Laufe des Projektes themenabhängig in die Beratungsarbeit eingebaut (z.B. Wertstromtraining, JIT-Prinzipien, SFM, Führen mit Zielzuständen, Coach the Coach)
- Classroom Grundlagen-Trainings, u.a. organisiert durch PE (z.B. SYNCHRO PLUS für Führungskräfte, SYNCHRO-Spezialisten-Ausbildung, Professionalität, Problemlösungstechnik)
- Impuls-Trainings: Einzelne Themen werden dezentral angeboten, um Impulse zu setzen (z.B. TPM, SMED, 5A)

Bild 6-3: Das Portfolio der SYNCHRO Consulting

6.2 Strategisches Problemlösen

Struktur und Prozess

Die Fähigkeit, Probleme strategisch und nachhaltig zu lösen, gehört, wie gesagt, zu den Kernkompetenzen eines Beraters. Besser: Sollte gehören. Der Begriff der Problemlösung wird oftmals eher als eine abstrakte kognitive Befähigung verwendet. Das muss nicht so sein, lässt sich das Problemlösen doch hinsichtlich Zielsetzung, Methodik und Vorgehensweise gut strukturieren. Generell geht es um die Lösung offener und komplexer Aufgabenstellungen – und darum, die (Kunden-) Organisation ihrerseits zur Problemlösung zu befähigen.

Strategisches Problemlösen ist dann gefragt, wenn man es mit offenen und komplexen Problemstellungen zu tun hat. Gemeint sind Aufgabenstellungen oder Situationen, die keinem einfachen Raster unterliegen, das mit vorhandenen Tools, Standards und

Routinen bearbeitet werden kann. Erst wenn dies der Fall ist, greift man zum strategischen und systematischen Ansatz.

Die Methodik folgt den eigentlich bekannten „sieben Schritten im Problemlösungsprozess", wobei der Fokus auf den ersten vier Schritten liegt (vgl. Bild 6-4). Zunächst gilt: Je exakter die Aufgabenstellung beschrieben ist, desto besser gelangt man ans Ziel. Hier geht es um Themen wie Hintergründe und Ziele, die Schlüsselfrage, die es zu beantworten gilt, Beteiligte und Stakeholder, Umfang des Problems (und des Projektes zur Lösung), Einschränkungen und Erfolgsfaktoren.

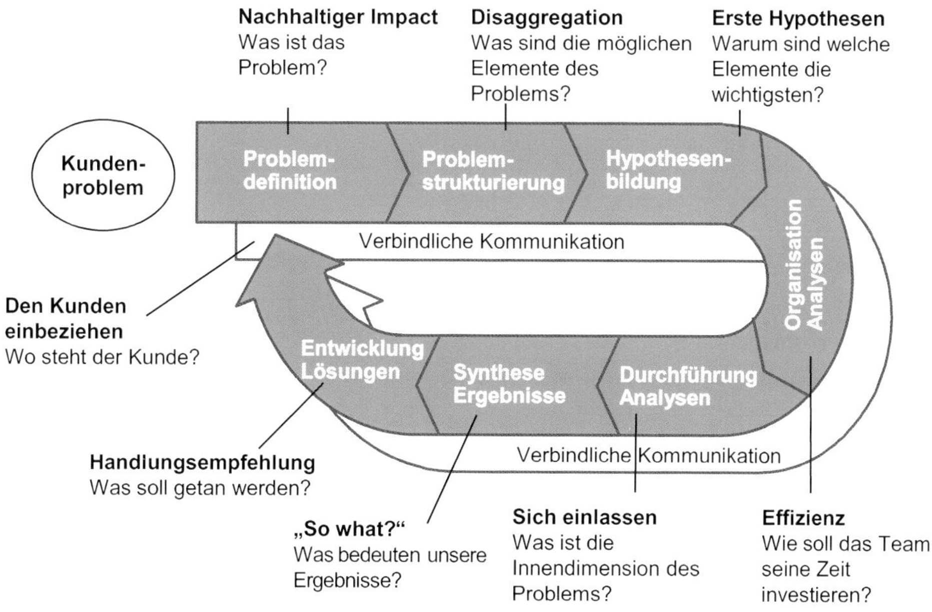

Bild 6-4: Die sieben Schritte im Problemlösungsprozess (angelehnt an McKinsey)

Ein hilfreiches Mittel zur Strukturierung des Problems sind die gleichfalls bekannten Logikbäume, auf deren Basis erste Hypothesen erarbeitet werden. Diese gilt es im Anschluss zu priorisieren. Wichtige Grundlage für die eigentliche Projektarbeit wiederum sind detaillierte Arbeitspläne mit Terminen und Ressourcen.

Strategische Problemlösung kann nur in der engen Zusammenarbeit mit dem Kunden gelingen. Das beginnt mit der intensiven Auftragsklärung vor Projektstart und setzt sich fort mit der kontinuierlichen Einbindung und Befähigung der Kunden im Lauf der Zusammenarbeit. Rückgrat des Projektes ist die verbindliche Kommunikation während der gesamten Laufzeit.

Ein wichtiges Hilfsmittel der strategischen Problemlösung ist das so genannte „Problem Statement Sheet“, das die wesentlichen Elemente des Prozesses beinhaltet. Ganz ähnlich wie beim Arbeiten mit Zielzuständen bekommt man aus Führungssicht den angenehmen Nebeneffekt, dass man durch die standardisierte Darstellung und Aufbereitung der komplexen Inhalte sehr schnell versteht und es somit möglich ist, eine Vielzahl anspruchsvoller Projekte parallel am Laufen zu halten und gut coachen zu können.

6.3 Change Management

Veränderungen wirken auf den Bezugsrahmen

Die lange Geschichte des unternehmerischen Change Management zeigt, dass Veränderungen sehr unterschiedlich wahr- und aufgenommen werden. Selbst kleinste Veränderungen bleiben nicht gänzlich ohne Wirkung auf den individuellen Bezugsrahmen der betroffenen Mitarbeiter. Mit der fast zwangsläufigen Folge von Unsicherheit, bis hin zum Widerstand. Mit dieser grundlegenden Erkenntnis muss sich das Change Management auseinandersetzen, muss zumindest Sensibilität dafür entwickeln.

Kleine Veränderung, große Wirkung

So unwahrscheinlich es klingen mag: Selbst die Änderung eines Schildes an der Bürotür kann den Bezugsrahmen von Mitarbeitern tangieren und zum Quell von Ängsten und Widerständen werden. „Warum bei mir?“, „Warum machen die das?“, „Ist mein Job bedroht?“ Solche Fragen sind völlig normal, wenn die Gründe der Veränderung nicht richtig erklärt werden. Auch eine noch so kleine Veränderung bringt einen Wandel und sollte vom Change Management zumindest beachtet werden.

Vor allem bei Veränderungen im Büro müssen wir daran denken, dass wir damit eventuell in die persönliche Sphäre der Mitarbeiter eingreifen. Diese haben sich ihr direktes Arbeitsumfeld oftmals nach ihren (Arbeits-) Bedürfnissen gestaltet und fühlen sich darin sicher. Eingriffe können als eine Art territoriale Bedrohung empfunden werden, auch wenn sie für Außenstehende noch so marginal sein mögen. Schreibt der neue Bürostandard eine Ablage am rechten Schreibtischrand vor, kann das für einen Linkshänder, der es gewohnt ist, nach links zu greifen, ein objektives Hemmnis sein – ein subjektiver Stolperstein ist es allemal. „Man wird hier gezwungen, ergonomisch falsch zu arbeiten.“ Solche Steilvorlagen für Widerstand und Vertrauenskrisen sollte man als Change-Manager nicht liefern.

Im skizzierten Territorialverhalten mag ein Unterschied dafür liegen, dass man bei Veränderungen auf den „Teppichetagen“ schneller auf Widerstand stößt als in der Fabrik. Dort ist man Veränderungen der räumlichen Umgebung gewohnt. Seit Jahrzehnten werden neue Maschinen beschafft, Layouts verändert oder gar ganze Fertigungslinien in andere Werke verlagert, ohne dass deshalb Barrikaden errichtet werden.

Halten wir fest: Bei Change-Projekten muss man ein Gespür dafür entwickeln, dass praktisch immer der individuelle Bezugsrahmen des einen oder anderen Mitarbeiters tangiert wird. Das gilt auch für vermeintlich kleine Veränderungen, siehe oben.

Eine Einordnung

Veränderungen lassen sich im Hinblick auf ihre Auswirkung auf den individuellen Bezugsrahmen ordnen. Wir unterscheiden hier grundsätzlich zwei Arten: themenspezifische und themenunabhängige Veränderungen. Themenspezifisch macht es einen Unterschied, ob ein Bereich und dessen Mitarbeiter Veränderungen zu einem bestimmten Thema, beispielsweise Lean, gewohnt sind oder nicht. Ist man Lean-Maßnahmen gewohnt, wirken sie weniger stark auf den Bezugsrahmen als bei Neuartigkeit der Maßnahmen. Allerdings können auch bereits gewohnte Maßnahmen auf Vorbehalte stoßen. Namentlich dann, wenn vorhergehende Veränderungen verbrannte Erde hinterlassen haben. Unter Umständen sind die Widerstände dann so groß, dass ein weiterer Anlauf zum Scheitern verurteilt ist. Unbekannte Themen benötigen seitens des Change Management mehr Aufmerksamkeit als bekannte. Wenn die Folgen des Tuns unbekannt sind, werden die Schritte automatisch kürzer.

Über diese themenspezifischen Aspekte gibt es Auswirkungen auf den Bezugsrahmen, die themenunabhängig sind. In diese Kategorie fallen Dinge wie die Veränderungskultur im Unternehmen, die Verbreitung von Ängsten aufgrund schlechter Erfahrungen und die grundsätzliche Offenheit gegenüber externen Einflüssen. Einen ganz wesentlichen Unterschied macht es, ob die Maßnahmen von einem Bereich bzw. einem Unternehmen selbst angefordert (Pull) oder ob sie den Menschen einfach verordnet werden (Push). Auf den Punkt gebracht: Auch in diesem mentalen Umfeld ist Pull wesentlich günstiger als Push.

	gering ←	Auswirkung auf den individuellen Bezugsrahmen	→ hoch
themenspezifisch	gewohnt		ungewohnt
themenspezifisch	unvorein-genommen	vorein-genommen	verbrannt
themenspezifisch	bekannt	vorstellbar	unbekannt
themenunabhängig	offene Veränderungskultur		konservative Veränderungskultur
themenunabhängig	Pull des Bereichs		Push von außen
themenunabhängig	geringe persönliche Ängste und Vorbehalte		wesentliche Ängste und Vorbehalte
themenunabhängig	offen für Veränderungen von außen		Vorbehalte bzgl. Veränderungen von außen

gering ←	Komplexität des Projekts →	hoch
geschlossene Fragestellung		offene Fragestellung
kleiner Bereich		großer Bereich
wenige Beteiligte		viele Beteiligte
Fokus auf einen Bereich		bereichsübergreifend mit vielen Schnittstellen
Punktverbesserung		Systemverbesserung
unabhängig von IT-Systemen		Vielzahl an IT-Systemen

Bild 6-5: Auswirkungen von Veränderungen auf den Bezugsrahmen

Der Einfluss von Komplexität

Neben den genannten Aspekten wirkt sich auch die Komplexität von Veränderungsprojekten auf das Change Management aus. In Stichworten: Handelt es sich um einen kleinen oder einen großen Unternehmensbereich? Hat das Projekt wenige oder viele Beteiligte? Liegt der Fokus auf einem einzigen oder auf unterschiedlichen Bereichen? Geht es um punktuelle oder um systemische Verbesserungen? Ist das Projekt unabhängig von der IT oder sind viele IT-Systeme beteiligt?

Anhand dieser und weiterer Komplexitätstreiber lässt sich – verknüpft mit den skizzierten Auswirkungen – eine zweiachsige Matrix erstellen (Bild 6-6). Diese Matrix hilft dabei, anstehende Veränderungsprojekte einzuordnen und ihren grundsätzlichen Change-Charakter zu bewerten.

Tatsächlich diskutieren wir dieses Ordnungssystem mit den Verantwortlichen eines Bereiches, um die erforderlichen Change-Maßnahmen zu planen. Sind Komplexität und Auswirkungen auf den Bezugsrahmen erwartbar gering, kann auf das große Change-Besteck verzichtet werden. Für die Ergänzung des Speiseplans in der Kantine um ein veganes Gericht braucht man keine Open Space-Veranstaltung. Aber etwas begleitende Kommunikation dürfte keinesfalls schaden. Kein Scherz: Es gibt Menschen, die fühlen sich durch solche Kleinigkeiten verunsichert. „Gibt es bald nur noch Tofu?“, „Wir arbeiten schwer und brauchen richtiges Essen!“...

Ich denke, jeder Leser kann aus seinem eigenen Umfeld genügend eigene Beispiele finden...

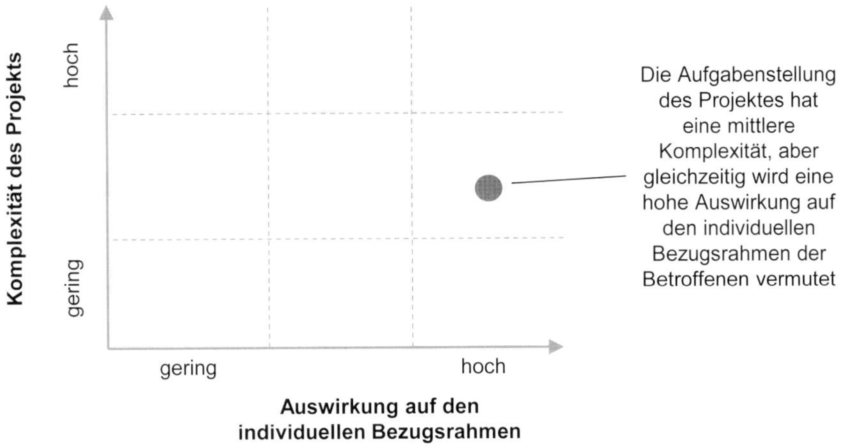

Bild 6-6: Matrix zur Bewertung des Change-Charakters von Projekten

Die Einordnung in der Matrix basiert nicht auf einer mathematischen Formel. Es geht hier auch weniger um Exaktheit als vielmehr darum, sich mit dem Thema zu befassen und das Bewusstsein für die Dimensionen des Change zu schärfen.

Projekt-Dimensionen

Das klassische Projektmanagement geht davon aus, dass eine Reihe von formalen Aufgaben zu erledigen ist, bevor man in die eigentliche Umsetzung einsteigen kann. Beginnend mit der Auftragsklärung und der Definition der Schlüsselfrage geht es über mehrere Schritte in Richtung Kick Off. Diese Aufgaben sind für die erfolgreiche Bearbeitung des Projektes notwendig. Allerdings gelangt man mehr und mehr zu der Erkenntnis, dass auch die Dimension des Change Management als integraler Bestandteil zum Projektmanagement gehört. Hier gibt es eine Reihe von Tools, die im Projektverlauf zum Einsatz kommen – Bild 6-7 zeigt einen Überblick.

Noch einmal: Die formalen Aufgaben des Projektmanagements müssen vollständig und richtig bearbeitet werden. Ist das nicht der Fall, wird auch der Change scheitern. Change Management ergänzt und verstärkt also das rein formale Projektmanagement, ohne an dessen Stelle zu treten. Vielmehr haben wir in den letzten Jahren verstanden, dass die äußerst sorgfältige Art und Weise, wie wir Projekte gemeinsam mit unseren Klienten aufsetzen, immer bereits implizites Change Management ist. Dazu gehören beispielsweise mehrfache Schleifen bei der Auftragsklärung (um wirklich sicherzugehen, dass wir alle das Gleiche verstehen), das Setzen klarer Ziele, die strukturierte Problembeschreibung, die klare, verbindliche und regelmäßige Kommunikation, die starke Einbindung der Mitarbeiter in die Workshops und vor allem, bereits ganz zu Beginn, die Nachfrage des Bereiches sicherzustellen.

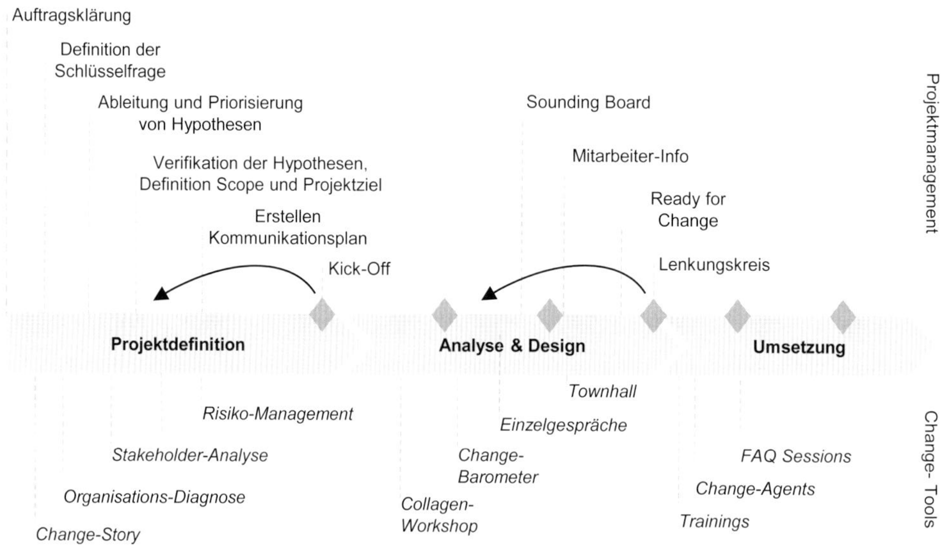

Bild 6-7: Die zwei Dimensionen des Projektmanagements

Bezogen auf die Dimension „Change" gibt es eine ganze Reihe tauglicher Instrumente, deren detaillierte Beschreibung hier sicherlich zu weit führen würde. Eine Sonderrolle unter diesen Tools nimmt die Change-Story ein, mit der die Notwendigkeit einer Veränderung plausibilisiert und begründet wird. Darüber hinaus liefert die Change-Story eine Art Leitfaden durch die Veränderung. Zu Beginn einer Veränderung nimmt man „Fühlung" mit der Organisation auf. Diesem Zweck dient die Organisationsdiagnose. Man beobachtet, wie die räumliche Situation ist, wie die Mitarbeiter miteinander kommunizieren, welches Verhalten und welche Atmosphäre generell vorherrschen.

Einem ähnlichen Zweck dient im laufenden Projekt das Change-Barometer, das ein Meinungs- und Stimmungsbild erzeugt, um im Bedarfsfall korrigierend eingreifen zu können.

Stakeholder-Analysen, Collagen, Townhall. Wie gesagt: Die Zahl der Change-Tools ist Legion und es existieren nicht nur Bücher, sondern ganze Bibliotheken zu diesem Thema.

Anspruch der Veränderung

Der Anspruch dieser Form des Projektmanagements bei Veränderungen muss es sein, sich mit der Veränderungsgeschwindigkeit an der Organisation zu orientieren und diese nicht etwa abzuhängen oder zu überfordern. Im bereits skizzierten Sinne des Change Management geht es hier auch darum, Unsicherheiten zu behandeln, das Vertrauen der Mitarbeiter zu erhalten und möglichen Widerständen vorzubeugen.

Für das Projekt- und Change Management ist es besser, wenn Lösungen in einer Organisation von innen heraus entwickelt werden. Diese Voraussetzung ist namentlich dann erfüllt, wenn ein Veränderungsprojekt auf dem Wege des Pull nachgefragt wird. Hier ist es wesentlich einfacher, die Mitarbeiter der Organisationseinheit in das Projektteam zu integrieren, gemeinsame Workshops zur Lösungsfindung aufzusetzen und vorhandene Strukturen zu nutzen.

Was nicht verschwiegen werden sollte: Es wird immer auch Veränderungen mit Push-Charakter geben (müssen) – man denke beispielsweise an eine Post-Merger Integration oder einen Turnaround. In solchen Fällen wird der Außendruck generell stärker sein. Was nicht heißt, dass es nicht auch Umsetzungselemente gäbe, bei denen kleine Freiheitsgrade existieren, die man für einen partiellen Pull nutzen könnte. Insgesamt jedoch muss bei Push-Veränderungen intensiv kommuniziert und begleitet werden, um Misstrauen zu überwinden und Widerständen vorzubeugen. Auch und vor allem in diesen Fällen muss man sich bei der Umsetzung an den Realitäten orientieren. Oftmals hat man es bei Veränderungen schlicht mit Wissenslücken zu tun und nicht mit bösem Willen. Hier ist auch dann Geduld notwendig, wenn die Zeit drängt. Es macht jedoch keinen Sinn, Menschen zu überfordern und an der Realität vorbei zu verändern. Ein solches Hauruck-Verfahren wird sich früher oder (auch sehr viel) später rächen. Dies hat nicht zuletzt einen psychologischen Hintergrund.

Im Leben stehen – oder daneben bleiben

Der bereits mehrfach angesprochene Management-Philosoph Werner Beiweis vertritt die Auffassung, dass es zwei grundsätzlich verschiedene Menschentypen gibt. In seinem Sprachgebrauch stehen die einen „im Leben“, die anderen dagegen „vor dem Leben“. Der Erstgenannte ist originärer Teilnehmer der Wirklichkeit, kann sich jedoch partiell in die Rolle eines externen Beobachters begeben. Der andere Typ ist der des reinen Beobachters, der immer nur von außen und distanziert auf die Geschehnisse blickt. Der reine Beobachter neigt dazu, sich stets an Idealen, Formalien und vermeintlich harten Fakten zu orientieren. Diesen Leuten wird meist ein gewisser Mangel an Empathie nachgesagt, sie bleiben auf Distanz. Um es auf den Punkt zu bringen: Für ein gelungenes Change Management ist eine große Zahl von Beratern dieses Typs das reine Gift. Weil Veränderung aus dem Inneren einer Organisation heraus entstehen muss und auch seitens der Projektbegleiter Teilhabe und Teilnahme erfordert.

Der Umgang mit Zielen

Bei Veränderungsprojekten sollte immer darauf geachtet werden, das in einer Organisation vorhandene Vertrauen zu bewahren – oder zumindest nicht durch eine falsche Herangehensweise zu gefährden. Deshalb steht eine organische Herangehensweise im Vordergrund. Was zunächst heißt, dass Gutes auch Bestand hat. Wer als Berater so tut, als müsse man bei Veränderungen zwingend alles Alte abreißen, um auf der grünen Wiese völlig neu zu starten, zeigt damit Zweifel an der Kompetenz seiner Kunden. Kein guter Nährboden für ein konstruktives Miteinander. Der so genannte „Green Field Ansatz" kann jedoch im Rahmen einer Vision wichtig werden, um so, quasi auf einem Umweg, zu einem *realistischen* Zielzustand zu kommen. Man tut dabei allerdings gut daran, die beteiligten Mitarbeiter selbst an der Vision arbeiten zu lassen und diese nicht etwa vorzugeben. Diese Verwendung des Green Field Ansatzes verhindert, dass bei der

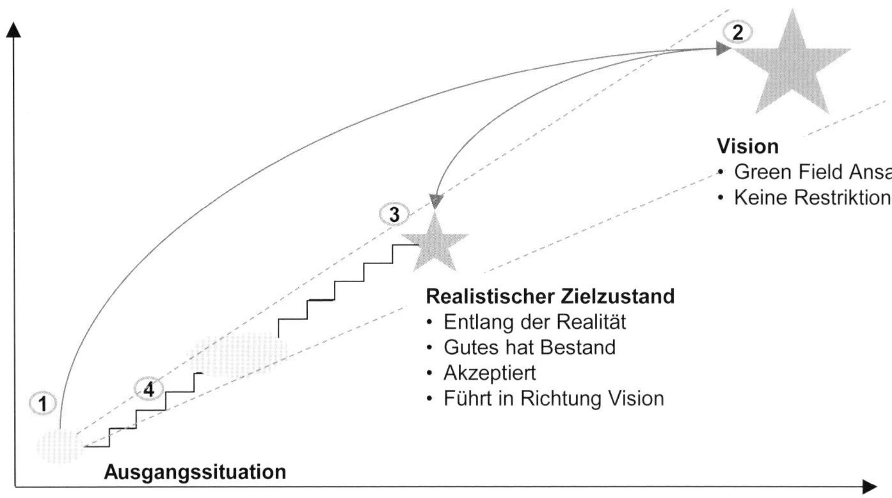

Bild 6-8: Über das „Green Field" zum realistischen Zielzustand

Bildung von Zielzuständen zu kurz gesprungen wird und so nur marginale Fortschritte erreicht werden. Man könnte diesen Prozess als eine Art schöpferischer Zerstörung bezeichnen: Die Mitarbeiter sprengen ihren engen Bezugsrahmen und versuchen sich einen visionären Zielzustand zu erarbeiten (vgl. Bild 6-8). Dieses Vorgehen ist durchaus geeignet, bei den Mitarbeitern Begeisterung oder zumindest große Zustimmung für die Veränderungsziele zu wecken.

Weiterhin muss man bei einer organischen Veränderung darauf achten, dass man den Kunden bei der Umsetzung nicht abhängt. Die Geschwindigkeit orientiert sich am Kunden, nicht nur an den eigenen Wünschen des Beraters – gewaltsames Drängeln oder Schieben wirkt hier kontraproduktiv. Nicht zuletzt deshalb bevorzugen wir hier das Pull-Prinzip: Veränderungen werden von innen heraus stimuliert, Lösungen entstehen entlang der Realität des Kunden.

Trotz all dieser proaktiven Maßnahmen wird es nicht immer gelingen, alle Unsicherheiten und Ängste im Vorfeld zu beseitigen. Dann muss das Change Management auch in der Lage sein, reaktiv einzugreifen. Das hierfür erforderliche Handwerkszeug lässt sich mit Stichworten wie „intensive Kommunikation" oder „verstärktes Einbeziehen der Mitarbeiter" grob umreißen. Die Reaktion auf Widerstände und Ängste kann bis auf den einzelnen Mitarbeiter mit seinen vermeintlich irrationalen Ängsten heruntergebrochen sein. Ursachen für Widerstand können außerhalb des eigentlichen Betriebsgeschehens liegen – und müssen gerade deshalb ernst genommen werden. Hier kommt man um individuelle Maßnahmen wie Einzelgespräche unter Umständen nicht herum. Nicht alle privaten Ängste sind für die Öffentlichkeit des Teams geeignet. Ein Berater, der im Beiweisschen Sinne selbst im Leben steht, wird sich hier sehr viel leichter tun als der reine Beobachter.

Erfolgsfaktoren im Projekt- und Change Management

Aus der Aufgabenstruktur im Projektmanagement, namentlich den sieben Schritten des Problemlösens, ergibt sich zunächst, dass die Vorlaufzeit von Projekten länger wird. Die Projektdefinition lässt sich als eine Art „Phase Null" des Projektmanagements ansprechen, auf die man in früheren Zeiten oftmals verzichtet hat. Davon ist aus guten, mehrfach genannten Gründen abzuraten. Noch einmal: Die Auftragsklärung ist für den Projekterfolg unverzichtbar. Als Konsequenz daraus muss man unter Umständen damit leben, dass ein Projekt länger wird als zunächst gewünscht. Eine nicht immer populäre, aber oftmals unvermeidliche Einsicht.

Ein Berater sollte diese Einsicht auch im internen Beratungsgeschäft nicht für sich behalten, sondern auch dann offen kommunizieren, wenn der Auftraggeber ganz oben in der Hierarchie verankert ist.

Vergleichbares gilt für den Lösungsansatz. Oftmals wird der Auftraggeber, beispielsweise ein Werksleiter, bereits zum Projektstart seine eigene Lösungsidee im Kopf haben. Im Zweifel muss er aber auf die Umsetzung dieser Idee verzichten, wenn die Mitarbeiter andere Lösungsideen verfolgen. Voraussetzung ist natürlich, dass diese Lösungen auch tragfähig sind.

Verantwortung kann im Change Management nicht ausgelagert werden. Heißt: Die Verantwortung bleibt beim Auftraggeber. Dieser muss sich dementsprechend Zeit für seine Mitarbeiter nehmen und der bilateralen Kommunikation breiten Raum geben.

Die SYNCHRO Consulting ermittelt gemeinsam mit dem Auftraggeber den Bedarf an Change-Maßnahmen. Sie plant, steuert und koordiniert diese – und sie unterstützt den Auftraggeber auch methodisch.

Wir sind (fast) am Ende unseres Buches angekommen. Was noch fehlt, ist ein kurzer Ausblick, weil uns die Frage beschäftigt, welche Rolle das Thema Agilität im Zusammenhang mit Lean spielt.

Ausblick: Lean und Agile

Ähnlichkeiten …

Lean und Agile weisen viele Ähnlichkeiten auf. Um genau zu sein, hat sich Agile aus dem Lean-Ansatz heraus entwickelt. Während das Lean Thinking in der Automobilindustrie seinen Ursprung hat, ist Agile in der Software-Industrie entstanden. Es wäre allerdings verfehlt, das Thema allein der Softwareentwicklung zuzuschreiben, nur weil es dort erfunden wurde. Im Umbruch von großen Mainframe-Rechnern hin zu Personal Computern sahen sich die Software-Entwickler mit einer neuen Situation konfrontiert: die Kundenwünsche wurden zunehmend individuell und veränderten sich gleichzeitig immer schneller. In der Folge entwickelten „Lean-Menschen" Ansätze für den Produktentwicklungsprozess, die viele Parallelen zu den klassischen Lean-Themen aufweisen, um die Prozesse an die Kundenbedürfnisse anzupassen.

Was das Thema Methoden anbelangt, so ist hier an erster Stelle die Methode „Scrum" zu nennen, die im Projektmanagement eine zunehmend wichtige Rolle spielt. Das Instrument Scrum hat kurze Planungszyklen. Sprints und Etappen können mit dem Takt-Prinzip verglichen werden. Das Backlog oder auch ScrumBan funktioniert nach dem Pull-Prinzip. Dem Kunden kontinuierlich Teilprodukte, neudeutsch: Minimum Viable Products, anstatt nach langer Zeit eine komplette Entwicklung zu liefern, ist vergleichbar mit dem Gegensatz von Ein-Stück-Fluss (One Piece Flow) und Batch-Fertigung. Auch hier bekommt man schneller ein Feedback, ob das gelieferte Produkt den Erwartungen des Kunden entspricht.

Aber nicht nur die Prozess-Seite, die typischerweise stark methodisch geprägt ist, sondern auch die Struktur und das Mindset weisen viele Gemeinsamkeiten auf.

Zwei wichtige Prinzipien von Agilität sind flache Hierarchien und Dezentralität. Das erste Prinzip bedeutet nicht zwangsläufig weniger Hierarchiestufen, sondern eher die klare Zuweisung von möglichst vollständiger Verantwortung auf den entsprechenden Ebenen. Die Dezentralität in einer Organisation bedeutet, dass Entscheidungen in der Nähe des Kunden getroffen werden. Im Lean Management kennen wir Dezentralität und flache Hierarchien im Zusammenhang mit der „Mini Company" – einem kleinen Verantwortungsbereich, der wie eine Fabrik in der Fabrik organisiert ist. Auch Kanban hat als Pull-Instrument die Merkmale „dezentral mit großer Kundennähe" und nicht „zentral und hierarchisch wie ein klassisches PPS". Am stärksten wurde uns jedoch der Zusammenhang bei der grundsätzlichen End to End-Betrachtung eines Wertstromes bewusst. Schon in den frühen SYNCHRO-Tagen haben wir erkannt, dass eine funktionale Trennung der Organisation nicht zu einem ganzheitlichen Lean-System passt. Die möglichst umfassende Verantwortung vom Kundenauftrag bis zum abgelieferten Produkt stellt sicher, dass man sich nicht in Teiloptima verliert, sondern immer mit

Blick auf das Ganze und aus Kundensicht denkt. Ebenso propagieren es die Agile-Vertreter bei der Frage nach der Gestaltung einer Organisation: Sie sind der Ansicht, dass möglichst alle Kernprozesse, die zur Erbringung eines Produktes nötig sind, unter eine organisatorische Verantwortung gehören.

Auch was das Mindset anbelangt, sehen wir große Ähnlichkeiten. Agilität baut auf Kundennähe und Verantwortungskultur auf. Dies sind zwei zentrale Punkte, die wir im SYNCHRO-Gedanken ebenfalls finden.

... und Unterschiede

Es gibt jedoch auch wichtige Unterschiede. Agilität beschreibt die Fähigkeit eines Unternehmens, sich rasch, systematisch und geordnet auf sich immer schneller verändernde Kundenwünsche einzustellen. Es beschreibt somit die Fähigkeit, mit hoher Dynamik umzugehen. In SYNCHRO haben wir beschrieben, wie wir versuchen, Dynamik aus den Prozessen fernzuhalten (Mura). Man könnte also sagen, dass man in einem planbaren und gut prognostizierbaren Umfeld zu Lean-Methoden und in einem hoch dynamischen Umfeld zu agilen Prinzipien greift.

Die Anwendung agiler Prinzipien beschränkt sich nicht nur auf die Entwicklung von Produkten. Sie lässt sich auch auf die Entwicklung von Prozessen und der Organisation erweitern. Insofern schließt sich der Kreis. Denn bei der Entwicklung und Veränderung von Lean-Systemen muss man agil handeln – was wir immer schon taten. Instinktiv, ohne zu wissen, dass wir ‚agil' sind. Denn es ging um kurze Planungszyklen und ein schnelles Ausprobieren: Mock ups aus Karton und Creform (das sind adaptive Materialhandling-Systeme, um schnell und einfach eine große Bandbreite von Strukturen zu entwerfen) waren unsere *Minimum Viable Products*, die Schritte im PDCA waren unsere *Sprints*, die SYNCHRO-Spezialisten waren die *Agile Coaches,* die Workshop-Teams immer interdisziplinär zusammengesetzt und aus der klassischen bestehenden Hierarchie herausgelöst, die Lernerfahrungen unsere *Reviews*, die Shopfloor-Stehungen unsere *Dailys*. Für TRUMPF ist die Erkenntnis von unschätzbarem Wert. Nicht nur wegen der sich verändernden Lebenszyklen unserer Maschinen sowie der rasant wachsenden Anzahl von Mitbewerbern, sondern auch im Hinblick auf die Digitalisierung, die TRUMPF von einem klassischen Maschinenbau-Unternehmen hin zu einem Hybrid aus Maschinenbau- und Software-Unternehmen werden lässt.

TRUMPF hat sich mit reger Beteiligung der SYNCHRO Consulting seit einigen Jahren erfolgreich mit Agilität beschäftigt. Viele große Entwicklungsprojekte sind mit agilen Methoden geführt und gemanagt worden – mit großem Erfolg. Erst relativ spät haben wir erkannt, wie eng verwandt die Ansätze sind. Dennoch sind wir zu der Erkenntnis gekommen, dass Agile die Antwort auf die Frage ist, wie SYNCHRO in die Produkt- und Organisationsentwicklung Einzug hält. Es ist für uns die perfekte Übersetzung unseres SYNCHRO-Gedankens. Vielleicht müssen wir nach ein paar weiteren Jahren der Erfahrung mit dem Thema das SYNCHRO-Haus neu beschreiben und der Agilität einen besonderen Platz einräumen.

Dieses Mal wird es jedoch sicherlich keine zwanzig Jahre dauern.

Über die Autoren

Dr.-Ing. **Mathias Kammüller**, 1958 in Schwäbisch Hall geboren, studierte Maschinenbau an der Universität Stuttgart und promovierte dort 1985 am Institut für Maschinenelemente und Gestaltungslehre. Im Anschluss war er als Ingenieur für die Fertigungsplanung bei der Robert Bosch GmbH in Stuttgart tätig. 1988 übernahm er die Geschäftsführung im Bereich Produktion bei einem Bosch-Joint-Venture in Japan. 1990 wechselte er zur TRUMPF GmbH + Co. KG in Ditzingen und ist seit 1993 Mitglied der Geschäftsführung. Im Juli 2000 wurde Herr Dr. Kammüller Vorsitzender der Geschäftsführung der TRUMPF Werkzeugmaschinen GmbH + Co. KG. Seit 2001 ist er geschäftsführender Gesellschafter und seit 2017 Chief Digital Officer (CDO) der TRUMPF GmbH + Co. KG.

Herr Dr. Kammüller ist Mitglied des Aufsichtsrats der Freudenberg SE sowie der Carl Zeiss AG. Zu seinen ehrenamtlichen Tätigkeiten gehört u.a. der Vorsitz des VDMA Baden-Württemberg. Er ist Mitglied des Präsidiums und Vorsitzender des Länderausschusses Japan im Ostasiatischen Verein Hamburg. Außerdem ist er japanischer Honorarkonsul in Baden-Württemberg, Vorsitzender des Werkstattbeirates des Behindertenzentrums Stuttgart und Vorsitzender des Stiftungsrates bei mehrwert – Agentur für Soziales Lernen gGmbH Stuttgart.

Florian Guber wurde 1974 in Göppingen geboren. Nach der Ausbildung zum Bankkaufmann und Finanzassistenten studierte er Betriebswirtschaftslehre an der Universität Mannheim. Seit 2003 war er als Berater bei der Leonardo Group GmbH in München tätig und seit 2005 als Senior Berater bei der Festool Engineering GmbH in Neidlingen. Dort verantwortete er als Partner seit 2008 Beratungsprojekte in verschiedenen Industrien weltweit. 2013 wechselte er zur TRUMPF GmbH & Co. KG in Ditzingen. Dort leitet er seit 2013 die SYNCHRO Consulting, die als interne Beratung bei TRUMPF mit etwa 20 Beratern für die Weiterentwicklung des Wertschöpfungssystems SYNCHRO verantwortlich ist. Die SYNCHRO Consulting berät die TRUMPF-Produktionswerke, die Tochtergesellschaften und Fachbereiche weltweit bei der Optimierung der Prozesse, organisationalen Strukturen sowie der Management- und Führungssysteme – vornehmlich in den Bereichen Produktion/Logistik, Vertrieb und Service, Entwicklung und Konstruktion sowie in administrativen Bereichen wie Personal, IT und Controlling.

Literaturverzeichnis

Aulinger, Gerardo: Seminar „Führen und coachen im Lean-Prozess“ 2015.

Bass, Bernard. M.: The Bass Handbook of Leadership. Theory, Research & Managerial Applications. New York 2008 (4. Auflage).

Dartnell, Lewis: Das Handbuch für den Neustart der Welt. Reinbek: Rowohlt Taschenbuch Verlag 2014.

Dueck, Gunter: Schwarmdumm. So blöd sind wir nur gemeinsam. Frankfurt: Campus Verlag 2015.

Godin, Seth: Stop Stealing Dreams (what is school for?). http://www.sethgodin.com/sg/docs/stopstealingdreamsscreen.pdf

Goldratt, Eliyahu: Die kritische Kette. Das neue Konzept im Projektmanagement. Frankfurt: Campus Verlag 2002.

Haas, Martin et. al.: Mit Konsequenz zur Exzellenz. Wertschöpfung systematisch managen. Ludwigsburg: LOG_X Verlag GmbH 2014 (E-Book).

Hüther, Gerald: Etwas mehr Hirn, bitte. Eine Einladung zur Wiederentdeckung der Freude am eigenen Denken und der Lust am gemeinsamen Gestalten. Göttingen: Vandenhoeck & Ruprecht 2015.

impulse. Das Mitarbeitermagazin von TRUMPF. Nr. 22, August 2017, S. 10f.

Kammüller, Mathias: Synchron produzieren. In: Dieter Spath (Hrsg.): Ganzheitlich produzieren. Innovative Organisation und Führung. Stuttgart: LOG_X Verlag GmbH 2003, S. 166-169.

Laqua, Ingo: Lean Administration. Das Ergebnis zählt. Ludwigsburg: LOG_X Verlag GmbH 2012.

Leibinger, Berthold: Erfahrungen, Erfolge, Entwicklungen. Der Weg der Werkzeugmaschinenindustrien in Deutschland, Japan und den USA. Göttingen: Wallstein 2014.

Malik, Fredmund: Strategie: Navigieren in der Komplexität der Neuen Welt. Frankfurt a.M.: Campus Verlag 2011.

Pfläging, Niels: Organisation für Komplexität. München: Redline Verlag 2015.

Rother, Mike: Die Kata des Weltmarktführers. Toyotas Erfolgsmethoden. 2. Aufl. Frankfurt: Campus Verlag 2013.

Saint-Exupéry, Antoine de: Der kleine Prinz. Köln: Anaconda Verlag 2015.

Takeda, Hitoshi: Das synchrone Produktionssystem. Just-in-Time für das ganze Unternehmen. (3. Aufl.) Landsberg, München: verlag moderne industrie 2002.

Warnecke, Hans-Jürgen: Die Fraktale Fabrik. Revolution der Unternehmenskultur. Berlin, Heidelberg, New York: Springer-Verlag 1992.

Stichwortverzeichnis